中核集团专项资金资助出版
黑龙江省精品工程专项资金资助出版

U0292909

压水堆燃料组件和燃料元件性能分析

陈　彭　张述诚　张应超　著

哈尔滨工程大学出版社
Harbin Engineering University Press

内容简介

本书共分7章,主要介绍了压水堆及燃料组件发展概况,压水堆燃料组件及燃料元件设计要求和设计准则,压水堆燃料元件的设计过程,压水堆燃料组件、压水堆堆内考验燃料组件,较为常用的燃料元件性能分析的基础理论,以及压水堆燃料元件包壳和芯块的物性参数等内容。

本书可作为高等学校核反应堆工程专业的研究生教材,也可供相关领域的科技工作者参考使用。

图书在版编目(CIP)数据

压水堆燃料组件和燃料元件性能分析/陈彭,张述诚,张应超著. —哈尔滨:哈尔滨工程大学出版社,2020.9

ISBN 978 - 7 - 5661 - 1457 - 0

Ⅰ. ①压… Ⅱ. ①陈… ②张… ③张… Ⅲ. ①压水型堆—燃料元件—设计 ②压水型堆—燃料元件—制造 ③压水型堆—燃料元件—实验 ④压水型堆—燃料元件—性能分析 Ⅳ. ①TL352

中国版本图书馆 CIP 数据核字(2017)第 020516 号

选题策划　石　岭
责任编辑　石　岭　丁　伟
封面设计　张　骏

出版发行　哈尔滨工程大学出版社
社　　址　哈尔滨市南岗区南通大街 145 号
邮政编码　150001
发行电话　0451 – 82519328
传　　真　0451 – 82519699
经　　销　新华书店
印　　刷　哈尔滨市石桥印务有限公司
开　　本　787 mm × 1 092 mm　1/16
印　　张　12.75
字　　数　325 千字
版　　次　2020 年 9 月第 1 版
印　　次　2020 年 9 月第 1 次印刷
定　　价　49.00 元

http://www.hrbeupress.com
E-mail:heupress@ hrbeu.edu.cn

前 言

本书以中核集团核工业研究生部教学讲义《压水堆燃料设计制造及试验》为基础,结合笔者多年的教学实践撰写而成。

目前,我国已经拥有了具有自主知识产权的压水堆燃料组件的设计和制造技术,我国核电厂采用世界上较为成熟的压水堆技术,国内核燃料专家也已经出版了一些压水堆燃料元件及材料方面的专著。因此撰写本书时,笔者力求既突出重点、避免重复,又要具备一定的系统性和全面性,还尽量避免尖深的理论和繁杂公式的推导,使读者能较容易地掌握有关压水堆燃料元件和组件方面的基础知识。

全书共分 7 章。第 1 章介绍压水堆及燃料组件发展概况、核燃料循环的基本概念和我国几种典型的压水堆燃料组件结构;第 2 章介绍压水堆燃料组件及燃料元件设计要求和设计准则、燃料组件设计中采用的应力分类及强度理论的基本概念;第 3 章介绍压水堆燃料元件的设计过程、压水堆燃料组件中各构件的设计参数及功能、燃料组件及相关组件的结构和功能;第 4 章简要介绍压水堆燃料组件,包括 UO_2 粉末、燃料芯块、包壳、燃料棒、定位格架、上下管座的制造工艺;第 5 章介绍压水堆堆内考验燃料组件(小组件)、堆内辐照装置和高温高压回路系统、压水堆堆内瞬态实验装置及回路系统、堆芯仪表和堆内测量技术;第 6 章介绍较为常用的燃料元件性能分析的基础理论以及模型和程序,并给出计算例题;第 7 章介绍压水堆燃料元件包壳和芯块的物性参数。

在撰写过程中,孙征、张培升对初稿提出了建议和意见,并予以指正;朱丽兵、尚新渊、刁均辉提供了许多帮助,在此一并表示诚挚的谢意。

书中定有不妥之处,恳请读者批评指正。

著 者

2019 年 10 月

目　录

第1章 绪 论

1.1 与核燃料循环有关的基本概念

反应堆是利用核燃料产生可控的、自持的链式裂变反应,并释放大量核能,产生核素和次级中子的装置。反应堆中核燃料可分为易裂变核素、可裂变核素和可转换核素三种。

易裂变核素:^{233}U、^{235}U 和 ^{239}Pu 被任何能量的中子轰击都可能引起裂变,称为易裂变核素。自然界中,^{235}U 是天然存在的核燃料。天然铀中,只有 0.72% 的 ^{235}U,其余的 99.28% 是 ^{238}U。

可裂变核素:^{238}U 和 ^{232}Th 只有被足够高能量(大于 1 MeV)的中子轰击才有可能引起裂变,故称为可裂变核素。

可转换核素:^{238}U 和 ^{232}Th 在反应堆内可以俘获一个中子分别转换为易裂变核素 ^{239}Pu 和 ^{233}U,所以 ^{238}U 和 ^{232}Th 又称为可转换核素。

核燃料循环(nuclear fuel cycle),指的是为核动力反应堆提供核燃料和其后的所有处理和处置核燃料过程的各个阶段。它包括铀的采矿、加工提纯、化工转化、同位素浓缩、燃料元件和燃料组件的制造及在反应堆中使用、乏燃料后处理、废物处理和处置等。

核燃料循环以反应堆为中心,划分为堆前部分(前段)和堆后部分(后段)。前段指核燃料在入堆前的制备过程。后段指从反应堆卸出的乏燃料的处理,包括乏燃料的中间储存、乏燃料中铀、钚和裂变产物的分离(即核燃料后处理),以及放射性废物处理和放射性废物最终处置等过程。

核燃料中的易裂变物质不可能在反应堆中一次耗尽,其中可转换核素通过核反应生成新的易裂变核素,按照对乏燃料处理的策略,核燃料循环分为"一次通过"和"后处理"两种模式。

1. 一次通过模式

有些国家对压水堆电站乏燃料不进行后处理,而直接包装或经切割后包装,然后送到深地层的最终处置库永久储藏起来。这种未经后处理的核燃料循环,称作一次通过模式。一次通过模式不回收乏燃料中的易裂变物质,也称为开式循环。图 1-1 给出了一次通过模式(轻水堆燃料循环)的过程。

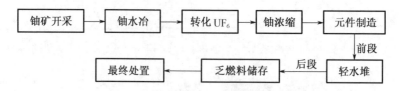

图 1-1 一次通过模式(轻水堆燃料循环)的过程

2. 后处理模式

乏燃料经过后处理,将回收的铀和钚储存起来或制造成新核燃料再返回反应堆中使用,这种循环称为后处理模式或闭式循环。

核燃料循环按裂变元素的使用方式可分为下列 5 类循环方式:

(1)天然铀循环

天然铀矿加工成 U_3O_8,提纯后加工成 UO_2(含^{235}U,0.7%)粉末,不进行铀浓缩而直接在燃料元件厂烧制成燃料芯块,加工成燃料元件和组件后送重水堆或石墨堆中应用。

(2)稍加浓铀循环

天然铀矿加工成 U_3O_8,U_3O_8再转换成 UF_6,将 UF_6中的^{235}U浓缩至最高达 5%后转换成 UO_2,再由燃料元件厂烧制成燃料芯块,加工成燃料元件和组件后送入重水堆或轻水堆中应用。

(3)轻水堆-重水堆串列循环

轻水堆的乏燃料中仍含有约 0.92%的铀-235 和 0.6%的钚,燃耗要比重水堆燃耗高 4~5 倍,所以可直接将轻水堆的乏燃料再制造成重水堆燃料送入重水堆中应用,这是一种比较理想的燃料循环方式,可以大大节约铀资源。

(4)铀-钚循环

轻水堆燃料中的^{238}U辐照后产生^{239}Pu(图 1-2),乏燃料中的^{239}Pu和剩余的^{235}U可以经后处理提取出来,回收的^{235}U和^{239}Pu可以再制造成燃料组件送回反应堆中使用。约 7 个压水堆乏燃料组件中钚的总量可制成一个混合氧化铀-钚(MOX)燃料组件(Pu 含量为 3%~5%)。MOX 燃料组件再返回轻水堆中应用,实现钚的再循环。经后处理提取的钚也可制成重水堆 MOX 燃料组件(Pu 含量 1%)送入重水堆中使用。另外,在快堆中可以实现核燃料的增殖,即每消耗 1 个易裂变核素的原子可产生多于 1 个的易裂变核素的原子,这样可使 ^{238}U转换成 Pu 的同位素,从而能节约和高效利用天然铀资源。

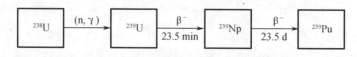

图 1-2 ^{238}U转换成^{239}Pu的过程

(5)钍-铀循环

自然界中的钍资源远比铀资源丰富,因此合理利用钍资源将对核能产生很大的经济效益。钍是可转换核素,不能直接用作核燃料。钍必须与易裂变核素^{235}U或^{239}Pu混合使用,实现转换后才能用作核燃料。这种转换可在热中子反应堆中进行,也可在快中子反应堆中进行。钍(^{232}Th)的转换过程如图 1-3 所示。钍和铀混合后制成燃料芯块在反应堆内辐照,钍转换成易裂变的^{233}U,^{233}U 可以裂变产生核能。

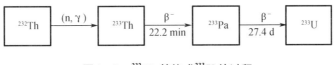

图 1-3　^{232}Th 转换成^{233}U 的过程

1.2　燃料元件与燃料组件

　　核燃料裂变过程中产生的裂变产物的放射性会对工作人员和公众的健康造成不利影响、对环境造成放射性污染,所以核安全的总目标定义为:在核动力厂中建立并保持对放射性危害的有效防御,以保持人员、公众和环境免受其危害。因此,必须将核燃料密封在特定的部件中才能在反应堆中使用,这种部件就是燃料元件(fuel element)。

　　燃料元件,泛指核反应堆内由核燃料芯体(燃料颗粒或燃料芯块)和核燃料包覆(包壳)组成的、具有独立和完全密封结构的最基本的部件单元,用以实现以裂变为主的能量的产生和导出功能、核燃料和裂变产物与环境的隔离功能。为实现这些功能,要求无论反应堆在正常运行工况和事故工况下,都必须保证燃料元件的完整性。核反应堆安全分析中所有设计基准事故的分析,都要回归到堆芯燃料元件的性能分析上,以确定燃料元件的完整性是否受到了冲击、最严重的冲击可能达到了什么程度、堆内发生损伤的燃料元件的份额等等;对于严重事故的分析,即堆芯熔化事故(三哩岛核事故、福岛核事故)的分析,则是以反应堆堆芯燃料元件即将发生严重损伤为起始点,堆芯的熔化首先指燃料元件发生熔化,继而又造成堆内其他构件的熔化。因此,燃料元件是直接关系到核反应堆安全的最为基本也是最为关键的部件。燃料元件的结构形式因反应堆堆型不同而不同,通常包括棒状元件(燃料棒)、板状元件(燃料板)、管状元件(环形燃料)和球状元件(燃料球)等。

　　燃料元件作为核燃料在反应堆内使用的独立单元,对核电厂的安全性和经济性至关重要。燃料元件中的核燃料芯体能够容纳98%以上的放射性裂变产物,燃料元件的包壳通常被看作反应堆内放射性核素向环境释放的第一道安全屏障。无论反应堆正常运行还是事故工况,燃料元件都必须能经受住高温、强辐照、高载荷、高速流动的流体的冲刷和腐蚀等考验,因此燃料元件的研制过程涉及物理、热工、流体、力学、材料等多个学科。任何反应堆内与核燃料相关的新概念、新设计、新材料等,都必须进行燃料元件的设计分析、安全评价、试验元件和组件的研制,将试验燃料元件或组件放入研究堆中(以模拟其未来工作的反应堆堆中运行工况甚至事故工况)进行辐照考验、在热室中对辐照后的燃料元件样品进行检验(辐照后检验),对检验中发现的问题进行反馈以优化燃料元件的计算模型和程序并对燃料元件的设计做出相应的改进,最后做出燃料元件的总体性能评估并给出最终设计。只有在燃料元件的性能得到了理论和试验的双重论证并满足了所有设计准则和安全法规要求后,才能进入燃料元件和燃料组件的定型设计和制造阶段,并最终投入商用堆的运行。

　　图 1-4 给出了轻水堆核燃料循环的后处理模式的示意图,从图中可以看出,核燃料必须以燃料元件和组件的结构方式进行使用,燃料元件在入堆辐照一直到后处理之前,都必须保持完全密封状态,确保放射性裂变产物有效屏障的完整性。图 1-4 还列出了针对燃料

元件的设计、研究以及实验等工作之间的关系。正是因为国际上尤其是发达国家在燃料性能研究方面做过大量计算分析和试验验证工作,才使得商用堆燃料元件和燃料组件的设计和制造技术得以成熟,确保了世界范围内商用反应堆运行的安全。

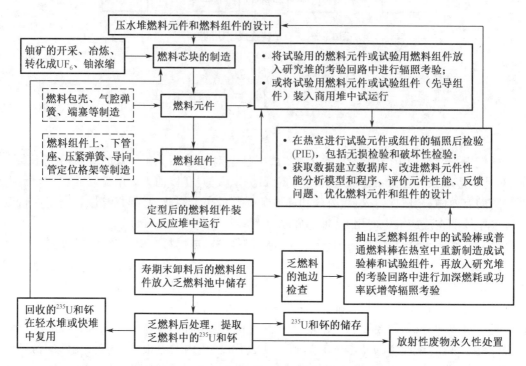

图 1-4　轻水堆核燃料闭式循环:后处理模式

　　反应堆堆芯,尤其是商用反应堆堆芯中需要装载的核燃料的量达几十吨,因而所需装载的燃料元件的数目十分庞大(例如,一个百万千瓦级的压水堆堆芯装有 4 万多根燃料棒),为便于堆芯燃料管理、核燃料的堆芯定位、堆芯的装料和卸料,以及核燃料的运输和储存等操作,将若干个燃料元件按一定的方式组装成一个独立固定的堆芯部件,称该堆芯部件为燃料组件(fuel assembly)。例如,将几百根压水堆燃料棒以一定的间距、按 15×15 或 17×17 的正方形矩阵形式排列并辅以其他零部件组装成 1 个燃料棒束,则称该燃料棒束为压水堆燃料组件,这样压水堆中实际可操作的含核燃料的部件由 4 万多个燃料元件简化成了小于 200 个的燃料组件。图 1-5 给出了三种反应堆的图形或示意图。压水堆和钠冷快堆的燃料元件习惯上称为燃料棒,研究堆的燃料元件习惯上称为燃料板。压水堆燃料组件的结构无元件盒,而沸水堆、快堆和研究堆的燃料组件的结构有元件盒。商用堆中,除气冷堆堆芯的核燃料以燃料元件(燃料球)的形式装载外,其他堆型所使用的核燃料都是以燃料组件的方式装载的。燃料组件的结构,必须为燃料元件提供支撑,确保燃料元件具备足够的强度和有效的冷却剂通道,并为控制棒、可燃毒物、反应堆堆芯监测仪表及其线路,以及燃料元件膨胀等提供所需的空间,从而确保燃料元件的功能得以正常实现。另外,燃料组件是核燃料供应商的主要产品形式。燃料组件的技术水平,代表着一个国家商用核电技术水平。

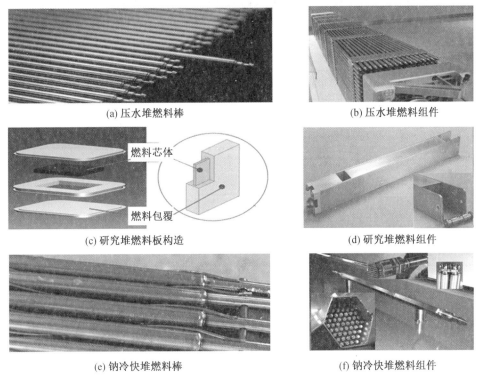

(a) 压水堆燃料棒   (b) 压水堆燃料组件

燃料芯体

燃料包覆

(c) 研究堆燃料板构造   (d) 研究堆燃料组件

(e) 钠冷快堆燃料棒   (f) 钠冷快堆燃料组件

图 1-5 反应堆燃料元件与燃料组件

1.3 世界商用核电机组概况

世界商用核电厂的反应堆堆型有压水堆(pressurized light-water cooled and moderated reactor, PWR)、沸水堆(boiling light-water cooled and moderated reactor, BWR)、轻水冷却石墨慢化堆(light-water cooled、graphite moderated reactor, LWGR)、重水堆(pressurized heavy-water reactor, PHWR)、气冷(石墨慢化)堆(gas cooled, graphite moderated reactor, GCR)、快堆(fast breeder reactor, FBR)、(球床模块式)高温气冷堆(high temperature gas cooled pebble-bed modular reactor, HTR-PM)。PWR 和 BWR 统称为轻水堆(LWR),商用核电厂中轻水堆约占 2/3。

国际原子能机构(International Atomic Energy Agency, IAEA)截止到 2020 年 5 月 27 日的"全球核动力反应堆信息统计数据"显示,全球运行的商用核电机组为 441 台,总装机容量为 390 014 MW,分布在 31 个国家和地区。按地区,欧洲 181 台、亚洲 137 台、美洲 121 台、非洲 2 台;按国家,排名前 8 位的是,美国 95 台、法国 57 台、中国 48 台、俄罗斯 38 台、日本 33 台、韩国 24 台、印度 22 台、加拿大 19 台。中国运行的商用核电机组的总装机容量为 45 518 MW。这些运行的商用核电机组的堆型及其装机容量的分布情况列于表 1-1。IAEA 统计数据还显示,全球在建的商用核电机组共 54 台,总装机容量 57 441 MW,分布在 19 个国家和地区,其中,中国在建商用核电机组 11 台,总装机容量为 10 564 MW。自 2018

年起,全球范围内的核电发电量已回到福岛核事故前的水平,核能产生了近三分之一的清洁电力。核能发电占比较高的法国、韩国、美国核电机组的年负荷因子近年来平均约为75%、85%及90%。

表1-1　世界运行的商用核电机组的堆型和装机容量

堆型	数量/台	装机容量/MW
压水堆(PWR)	298	282 318
沸水堆(BWR)	65	65 421
重水堆(PHWR)	48	23 867
气冷堆(GCR)	14	7 725
轻水冷却石墨慢化堆(LWGR)	13	9 283
快堆(FBR)	3	1 400
总计	441	390 014

有关国际商用核电机组的信息,读者可以在 IAEA 官方网站上查询并实时更新。

表1-1显示世界商用核电厂的堆型以压水堆为主,其比例占一半以上,我国目前运行的商用核电厂的堆型全部是压水堆。无论是二代机组还是三代机组,商用压水堆的各项技术已经定型和成熟。本书围绕图1-4中压水堆燃料元件和组件的相关研究和设计等内容进行简单介绍。

1.4　压水堆燃料组件概况

1.4.1　美国和法国压水堆燃料组件

20世纪70年代,美国西屋公司研发出压水堆标准燃料组件(SFA),在此基础上开发出优化型燃料组件(OFA);1983年制造了 Vantage 5 燃料组件;1987年开发了 Vantage 5H 燃料组件;1989年开发了 Vantage + 燃料组件;1992年开发出 Performance + 燃料组件;1997年开发了 Robust 燃料组件。一些燃料组件的主要设计参数见表1-2。

表1-2　西屋公司燃料组件主要设计参数

主要参数	燃料组件型号					
	SFA	OFA	Vantage 5	Vantage 5H	Vantage +	Performance +
燃料组件类型	17×17-25	17×17-25	17×17-25	17×17-25	17×17-25	17×17-25
燃料棒数(根·组件⁻¹)	264	264	264	264	264	264

表 1 - 2(续)

主要参数	燃料组件型号					
	SFA	OFA	Vantage 5	Vantage 5H	Vantage +	Performance +
燃料组高度/mm	4 058.92	4 058.92	4 066.54	4 066.54	4 066.54	4 058
燃料组宽度/mm	214.02	214.02	214.02	214.02	214.02	214.02
燃料棒长度/mm	3 850.64	3 850.64	3 868.42	3 868.42	3 868.42	3 878
燃料棒中心距/mm	12.60	12.60	12.60	12.60	12.60	12.60
燃料棒外径/mm	9.50	9.14	9.14	9.50	9.50	9.50
燃料芯块直径/mm	8.19	7.83	7.83	8.19	8.19	8.19
包壳管厚度/mm	0.57	0.57	0.57	0.57	0.57	0.57
芯块 - 包壳直径间隙/mm	0.17	0.16	0.16	0.17	0.17	0.17
包壳管材料	锆 - 4	锆 - 4	锆 - 4	锆 - 4	ZIRLO	ZIRLO
导向管材料	锆 - 4	锆 - 4	锆 - 4	锆 - 4	ZIRLO	ZIRLO
导向管外径/mm	12.04	12.04	12.04	12.04	12.04	12.04
导向管壁厚/mm	0.406	0.406	0.406	0.406	0.406	0.406
中部格架材料	因科镍	锆 - 4	锆 - 4	锆 - 4	锆 - 4	ZIRLO
平均燃耗/$(GW \cdot d \cdot tU^{-1})$	33	36	45	48	50	55

到 20 世纪 80 年代压水堆燃料组已得到广泛发展,先后设计和制造了 $14 \times 14, 15 \times 15,$ $17 \times 17, 18 \times 18$ 排列的燃料组件,使用了锆定位格架和新的锆合金包壳管, ZIRLO、M5 合金代替之前的锆 - 4 合金。

为提高压水堆的经济效益,必须提高压水堆的卸料燃耗,平均卸料燃耗由最初的 25 000 MW · d/tU 提高至 55 000 MW · d/tU,燃料元件的破损率降低到 10^{-5},更高的卸料燃耗对燃料元件的性能提出了更高的要求。轻水堆高性能燃料组件在性能上有以下主要特点:

(1)长循环,循环长度为 18 或 24 个月;

(2)高燃耗,组件批平均燃耗达 55 GW · d/tU,甚至更高;

(3)高可靠性、安全性,能够实现燃料棒零破损率,且在整个寿期内不发生影响运行和燃料吊装的弯曲变形;

(4)运行的灵活性,主要是循环长度具有灵活性,避免用电高峰时进行大修;

(5)减少了乏燃料的储量;

(6)采用低泄漏燃料管理,可延长电厂寿命;

(7)降低了燃料制造成本。

高性能轻水堆燃料组件设计的主要特点如下:

(1)燃料组件不易变形,尽量避免芯块和包壳的相互作用;材料辐照性能好,如抗腐蚀性能好,不易发生氢化、辐照生长和包壳管蠕变等。

(2)裂变气体包容性好,在设计上尽量减少高燃耗条件下的释放。

(3)尽可能地降低一回路冷却剂中碎片对燃料棒的磨蚀。

（4）热工水力性能好，具有较高的热工裕度。

（5）结构设计上易于安全装卸，并且能有效降低冷却剂经过组件的压降。

（6）利用可燃毒物来展平中子通量分布的不均。

美国三代压水堆核电机组 AP1000 的堆芯有 157 组 Robust 燃料组件（图 1－6），燃料棒采用17×17排列。燃料组件由燃料棒、具有增强碎屑抵抗力的底部保护格架、10 层低压降损失的中间格架、中间搅混格架、可拆卸的一体化上管座、具有碎屑过滤能力的下管座、控制棒导向管和仪表管组成。AP1000 每个燃料组件包括 264 根燃料棒，24 根控制棒导向管和 1 根仪表管。仪表管在中间位置，为堆芯中子通量测量探测器提供测量通道。

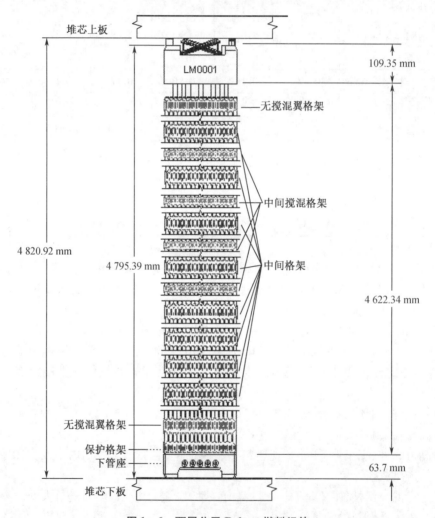

图 1－6　西屋公司 Robust 燃料组件

燃料组件垂直装在反应堆压力容器内，直立放在堆芯下部支承板上，与定位销相配合来定位每个燃料组件。燃料组件在堆芯放置好后，安装堆芯上部支承构件。堆芯上栅格板的定位销插入燃料组件上部的销孔，使燃料组件定位。堆芯上栅格板作用在每个燃料组件上管座的压紧板弹簧上，使燃料组件固定。

燃料棒是反应堆产生裂变反应并释放热量的重要部件，AP1000 堆芯燃料棒总数为

$264 \times 157 = 41\ 448$ 根,燃料棒结构见图 $1-7$。燃料质量(按 UO_2 计)为 95.97 t。燃料棒的外径为 9.5 mm,包壳厚度为 0.572 mm。AP1000 燃料棒的总长度为 4 583.176 mm。燃料棒由 ZIRLOTM 包壳管、燃料芯块、压紧弹簧、下部管形支架、上端塞和下端塞组成。燃料棒 ZIRLOTM 包壳是防止放射性产物外逸的第一道屏障。其设计综合考虑了正常运行以及事故工况下的物理、机械及化学性能。并且包壳内部充有一定压力的氦气,用以减小包壳压应力,防止运行期间被外力压扁。ZIRLOTM 包壳材料的中子吸收截面低,抵抗冷却剂、燃料和裂变产物腐蚀性的能力强,在运行温度下强度高,延展性好。ZIRLOTM 材料是先进的锆基合金,在增加燃料燃耗方面与锆 -4 材料有着相同或相似的性能。

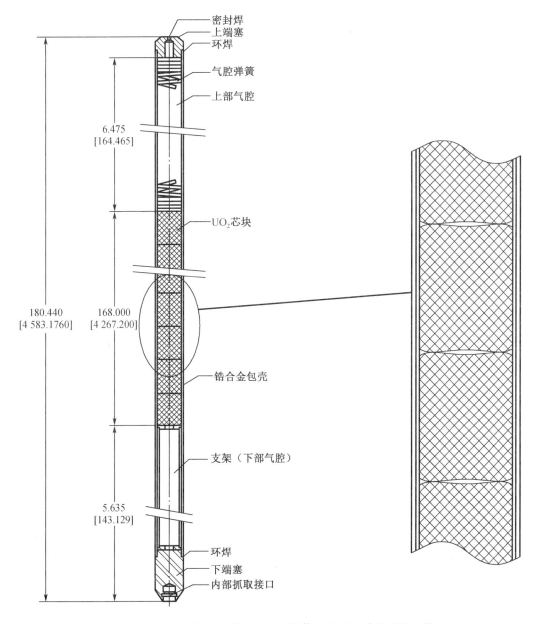

图 1 - 7 AP1000 燃料棒(图中的数字单位是英寸,方括号内数字单位是 mm)

　　燃料芯块上部不锈钢螺旋弹簧的作用是防止燃料组件装堆之前,运输和装卸料操作过程中燃料芯块在包壳内的窜动,维持燃料芯块上部气腔的体积。

　　燃料棒的空腔和间隙可以容纳燃料释放的裂变气体,补偿包壳和燃料之间不同的热膨胀和辐照期间燃料密度的改变。为了适应长运行周期增加燃耗的要求,燃料棒设计采用两个气腔(上部和下部)以容纳更多的裂变气体。上部气腔通过弹簧维持,下部气腔通过一个管形支架维持。

　　燃料芯块的材料是烧结的 UO_2,它的密度为理论密度的95.5%,直径为8.19 mm,长度为9.83 mm,燃料富集度2.35%~4.8%不等。燃料芯块有四种,根据不同的需要进行布置(图1-8)。第一种是普通的实心芯块,位于燃料棒的中间部分,在反应中起主要作用;第二种是轴向再生区的燃料芯块,这种芯块一般位于燃料棒的两端,距端部20 cm处,其富集度稍低,这种布置可以减少中子轴向泄漏和提高燃料的利用率;第三种是空心环状燃料芯块,一般也装在燃料棒上、下部20 cm处,空心可以提供更多容纳裂变气体的空间;第四种是包含一体化可燃吸收体的芯块。

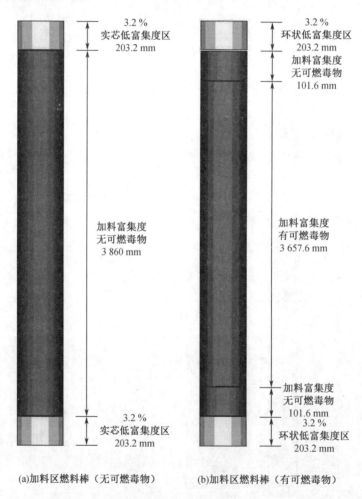

(a)加料区燃料棒（无可燃毒物）　　　　(b)加料区燃料棒（有可燃毒物）

图1-8　AP1000 燃料棒中不同燃料芯块的布置示意图(非按比例)

为使新型燃料元件和燃料组件满足高燃耗性能,使燃料组件的缺陷率降低,法国在 20 世纪 70 年代购买美国西屋公司的燃料组件技术后,改进 SFA 而开发了先进型燃料组件 (advanced fuel assembly,AFA)。法国燃料组件发展过程为 SFA—AFA—AFA 2G—AFA 3G,目前最新的产品是 AFA – alliance 燃料组件。AFA 燃料组件于 1985 年投入商用。实际运行经验证明,这种组件具有良好的总体性能,能达到较高的燃耗,并且其固有的燃料可靠性也很高。

法国基于 AFA 的良好经验,实施了一套改进措施而形成法国第二代 AFA 燃料组件,并于 1992 年投入商用。AFA 2G 燃料组件的主要特点如下:

(1)锆合金格架,具有降低冷却剂压降、较高的偏离泡核沸腾性能和适于安全装卸的最佳几何形状;

(2)低锡锆 – 4 合金包壳,这种材料具有适宜的化学成分并经过最佳热处理,以便降低平均腐蚀率和泄漏率;

(3)安装有防异物滤网的下管座,能防止由冷却剂碎屑引起的燃料棒破损。

AFA 3G 为第三代 AFA 燃料组件,是法国 1998 年推出的新型燃料组件,AFA 3G 包括了 AFA 2G 所有技术上的优点,并有所发展。它满足了 18 个月换料循环、高燃耗、低泄漏装料的要求,燃料管理方案具有 ±2 个月灵活性等特点,是目前世界上投入商业运行的高性能燃料组件之一。法国安全当局批准的批平均燃耗为 47 GW・d/tU,但实际上,AFA 3G 燃料组件设计可承受最高燃耗为 60 GW・d/tU。

与 AFA 2G 相比,AFA 3G 的主要改进表现如下:

(1)提高了燃料组件的燃耗,随之而来的是必须提高燃料棒的 UO_2 芯块的富集度。改进后的 UO_2 芯块富集度为 4.45% ,而 AFA 2G 中 UO_2 芯块的富集度为 3.25% ~4% 。

(2)燃料棒包壳管材料和端塞材料改用 M5 合金。与优化低锡锆 – 4 合金相比,M5 合金包壳抗腐蚀性能提高了 3 倍,氢化、辐照生长以及包壳管蠕变均有所降低。试验燃料棒的最高燃耗超过 70 GW・d/tU。燃料棒加长 15.6 mm,气腔长度增加约 10% ,充氦压力由 3.1 MPa 变为 2.0 MPa,这样使得燃料棒内腔留有足够的空间供燃料芯块生长和容纳裂变气体。燃料组件两端留有足够的空间供燃料棒在高燃耗下生长而不与上、下管座发生干涉。此外,燃料棒端塞的优化设计使之更易拉棒,减小了流水阻力。

(3)AFA 3G 导向管采用了再结晶优化的锆 – 4 合金变内径管,即 MONOBLOC™ 导向管。与 AFA 2G 导向管相比,AFA 3G 导向管更长、更厚,缓冲段增强,外径上下相同。这些改进增加了燃料组件结构的刚度和强度,降低了缓冲段与导向管之间的摩擦,确保了控制棒落棒时间和末速度的要求,避免卡棒问题。

(4)采用了中间搅混格架(MSMG),在 AFA 3G 组件中除了原有的 8 个结构格架外,在组件功率密度最大的 4,5,6 跨间增加了 3 个带搅混翼的中间搅混格架,从而增加偏离泡核沸腾(DNB)裕量。较大的 DNB 裕量可以提高反应堆运行裕量(提高峰值因子限值),这就为新的堆芯装载方式提供了附加灵活性。

(5)采用 TRAPPER™ 防碎屑装置和低压降的上、下管座。运行经验证明,防屑装置对大于 3.3 mm 的碎屑具有 100% 的阻挡作用,大大减小了金属碎屑造成的包壳磨损。此外,下管座的内部筋条形成的空腔可防止碎屑逃出管座,阻止碎屑进入燃料组件空隙。而且上管座匹配板厚度减少,总高度(不包括压紧弹簧高度)减小;流水孔改变,可降低水阻力 6% ;压紧板弹簧力减小,以减小组件轴向压紧力和组件在堆内可能产生的变形;下管座变矮;孔系的变化使得水阻力减少20%;防碎屑装置(TRAPPER™)加在匹配板上面,厚度由0.44 mm增至3.0 mm,材料由 Inconel 718 改为 A286 钢;匹配板厚度由 22.3 mm 变为22.0 mm。这些设计使得上、下管座的压降降低。

(6)采用了含钆可燃毒物燃料。高燃耗要求采用更高富集度的 UO_2 燃料,所以为了平衡反应性又不占据原有可燃毒物棒的位置,AFA 3G 燃料组件的燃料棒中设置了含钆的 UO_2 燃料芯块作为可燃毒物。这种 $Gd_2O_3 - UO_2$ 芯块,钆含量一般为8%(质量分数)。每个堆一次换料约需棒1 000 根(使用含钆芯块近1.3 t,视换料的燃料管理方案而定)。钆的添加将影响 UO_2 芯块的导热性能,故含钆芯块中铀富集度适当降低。

法国最新的 Alliance 燃料组件除沿用了 AFA 3G 防异物下管座和整体导向管,以及小格架的设计外,还具有如下主要新设计特点和性能:

(1)更高的燃耗,设计燃耗达到 75 GW·d/tU;

(2)高的热工水力性能,临界热流密度比 AFA 3G 提高 10%;

(3)全锆结构搅混格架;

(4)新的组件结构概念,把燃料棒坐在下管座上,使导向管始终处于拉伸状态,利于减少组件弯曲;

(5)全部锆合金件均使用 M5 合金,防止过分的辐照生长,提高了组件在高燃耗下的辐照性能;

(6)可快速拆卸的组件上管座;

(7)组件具有更高的辐照几何稳定性,容易吊装,能降低回路辐照剂量和减少回路冷却剂的剂量。

Alliance 高性能燃料组件于 1999 年装入法国电力公司(EDF)反应堆,目标燃耗为 65 GW·d/tU;2000 年装入美国反应堆。

Robust 燃料组件和 Alliance 燃料组件分别是由美国西屋公司和法国法马通公司于 1997 和 1999 年推出的最新的高性能燃料组件,主要设计参数见表 1 – 3,Alliance 燃料组件结构如图 1 – 9 所示。

表 1 – 3　压水堆 Robust 和 Alliance 燃料组件主要设计参数

供货商	Westinghouse (西屋公司)	Framatome ANP (法马通公司)	
燃料组件名	Robust	全 M5 AFA 3G	Alliance
燃料组件类型	$17 \times 17 - 25$	$17 \times 17 - 25$	$17 \times 17 - 25$
燃料数/组件	264	264	264
组件高度/mm	4 058	4 060	4 794.5
组件宽度/mm	214	214	214
燃料棒长度/mm	3 878	3 859	4 492.3
燃料棒外径/mm	9.14	9.5	9.5
燃料芯块高度/mm	9.40	13.46/10.2	13.46
芯块直径/mm	7.84	9.19	8.19

表 1 - 3(续)

供货商	Westinghouse (西屋公司)	Framatome ANP (法马通公司)	
燃料芯块 密度/(g·cm^{-3})	10.4	10.4/10.52	10.4
平均线功密度 /(W·cm^{-1})	168	200	179
最高线功率 密度/(W·cm^{-1})	450	469	420
最高燃料温度/℃	2 800	2 800	2 800
包壳材料	ZIRLO	M5	M5
包壳厚度/mm	0.57	0.57	0.57
包壳最高温度/℃	400	400	400
定位格架材料	ZIRLO	M5	M5
平均卸料燃耗 /(MW·d·tU^{-1})	55 000	55 000	65 000
最高燃耗/(MW·d·tU^{-1})	65 000	65 000	75 000

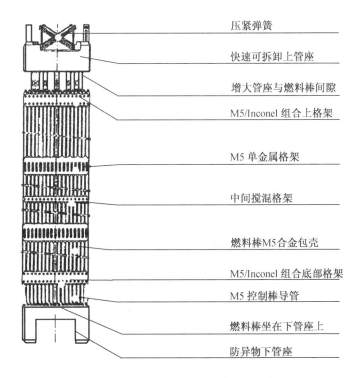

压紧弹簧

快速可拆卸上管座

增大管座与燃料棒间隙

M5/Inconel 组合上格架

M5 单金属格架

中间搅混格架

燃料棒M5合金包壳

M5/Inconel 组合底部格架

M5 控制棒导管

燃料棒坐在下管座上

防异物下管座

图 1 - 9　法马通公司 Alliance 燃料组件设计特征

1.4.2　我国压水堆燃料组件发展概况

中国商用核电的发展起步较晚。1991 年中国自行设计和建造的秦山 300 MW 核电厂正式投入运行、并网发电;之后,引进法国技术建造的广东大亚湾核电厂 900 MW 核电机组相继于 1994 年 2 月和 1994 年 5 月投入运行和并网发电;秦山二期核电厂(2 × 600 MW)、岭澳核电厂(2 × 990 MW)、秦山三期核电厂(2 × 700 MW)在 2002—2004 年间陆续建成和并网发电。中国运行的商用核电厂的堆型是压水堆和加压重水堆,在建核电厂的堆型有压水堆和高温气冷堆。中国商用核电二代机组的型号包括 CNP – 300(中国)、CNP – 600(中国)、CNP – 1000(中国)、CPR – 1000(中国)、M310(法国)、CANDU – 6(加拿大) 和 AES –91(俄罗斯),三代机组型号包括 HPR – 1000(中国)、ACPR – 1000(中国)、AP – 1000(美国)、EPR –1750(欧洲)、和 HTR – 200(中国)。

中国商用核电厂燃料组件的发展经历了三个阶段。第一阶段是自行研制 CNP – 300 的 PWR 燃料组件,为中国自行设计建造的第一座核电厂秦山一期核电厂提供燃料。1996 年中国建成了第一条压水堆核电厂燃料组件生产线,即宜宾核燃料组件生产线。经过联合科技攻关,仅用两年多时间便完成了秦山核电厂首炉装料全部核燃料组件和控制棒组件、可燃毒物组件、中子源组件等相关组件的制造。第二阶段是引进和消化法国法马通公司 AFA 17 × 17 燃料组件的设计和生产技术,并对燃料组件生产线进行了技术改造,于 1994 年实现了大亚湾核电厂第一个国产化燃料组件的制造,实现了大型商用核电厂燃料组件的国产化。第三阶段是扩大能力、提高水平,以制造出适用于核电厂长周期、高燃耗的 PWR 燃料组件,即高性能燃料组件,采用了自动焊接等新的生产工艺,于 2001 年制造出三代商用堆型的燃料组件产品,核燃料的年生产能力达到 255 t,实现了高性能燃料组件的国产化,可满足国内商用压水堆核电厂 18 个月长换料周期的需求,平均燃耗可达 55 000 MW · d/tU。中国还实现了引进的加拿大 CANDU –6 重水堆核电机组燃料组件的国产化、引进的俄罗斯核电机组 VVER –1000 燃料组件的国产化,标志着中国核燃料组件的各项技术跨入了世界先进行列。

1. 秦山一期核电厂燃料组件

我国从 20 世纪 50 年代开始创建核工业,相继建立了核能设计研究院、核燃料研究基地,建造实验堆。20 世纪 60 年代开展压水堆燃料组件设计、制造和堆内考验工作,取得了良好成果。20 世纪 70 年代我国开始大型商用核电厂压水堆燃料组件设计研究,建造了压水堆燃料制造厂,并开展压水堆燃料组件堆内外试验。1994 年我国自主设计建造的秦山一期 30 万千瓦核电厂投入商业运行,二十多年的安全运行证明燃料组件堆内性能良好。秦山一期核电厂燃料组件的燃耗从初期的 25 000 MW · d/tU 提高到 30 000 MW · d/tU。

秦山一期压水堆燃料组件燃料棒的排列为 15 × 15 – 21,包括因科镍 718 定位格架 8 个,不锈钢控制棒导向管 20 根,不锈钢上管座和下管座(上管座有压紧弹簧),组件中间有一根中子通量密度测量管。组件外形尺寸为 199.3 mm × 199.3 mm。组件中有 204 根燃料棒,铀的质量为 297. 23 kg,UO_2 芯块堆积高度为 2 900 mm。图 1 – 10 为秦山一期燃料组件结构设计图。

2. 大亚湾核电厂燃料组件

20 世纪 90 年代为适应我国核电事业的发展,先后从法国引进法马通公司 AFA 2G 和 AFA 3G 燃料组件的设计制造技术以满足大亚湾、岭澳 90 万千瓦核电厂装料的需求。初始

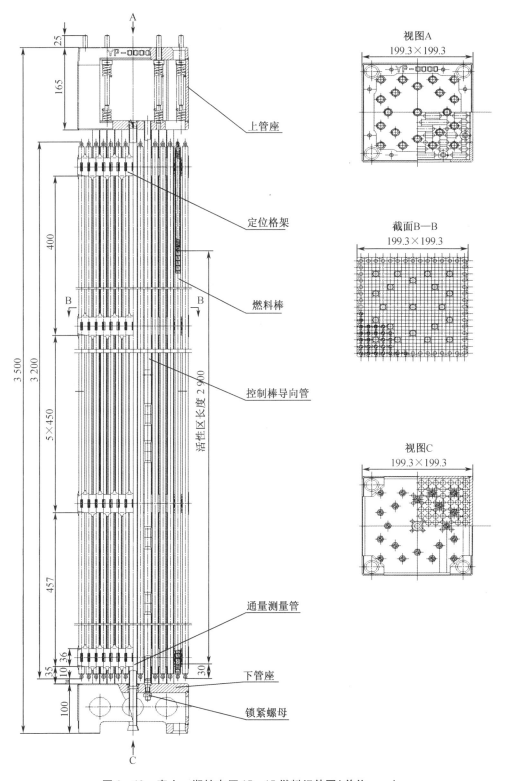

视图A
199.3×199.3

截面B—B
199.3×199.3

视图C
199.3×199.3

上管座

定位格架

燃料棒

控制棒导向管

通量测量管

下管座

锁紧螺母

图 1-10 秦山一期核电厂 15×15 燃料组件图(单位:mm)

目标燃耗为 33 000 MW·d/tU,现 AFA 3G 已实现 18 个月换料周期,组件平均卸料燃耗已达 45 000 MW·d/tU,接近国际先进水平的 50 000 MW·d/tU,运行经验证明燃料组件堆内性能良好,引进的 AFA 2G 和 AFA 3G 燃料组件设计和制造技术是成功的。

1991 年 5 月,我国与法国签订了 AFA 17×17 燃料组件设计与制造技术转让合同,经过 3 年的技术研究和消化,于 1994 年 3 月完成大亚湾核电厂第一个换料组件的制造,实现了大型核电厂燃料组件的国产化。

1998 年大亚湾核电厂提出高燃耗换料方案,决定采用 AFA 3G 组件,并与法国签订技术转让合同。2001 年宜宾核燃料元件厂成功为大亚湾生产了两个机组的首批高燃耗换料组件。

法马通 AFA 系列燃料组件的发展并不是简单地从西屋公司照搬燃料设计制造技术,它跟踪了其技术的更新,吸收了法国本国核电厂运行核燃料的反馈经验,形成法国压水堆核电完全自主和核燃料制造系列化、标准化的国产化道路。这一点是非常值得我国的核燃料元件厂学习的,在引进国外技术的基础上,结合自身经验和需求,形成自主化的、高水平的核电燃料制造能力,实现专业化、规模化生产,为我国核电可持续发展提供可靠保证。

3. 坎杜堆燃料组件

坎杜堆(重水压水堆 PHWR)是以重水为慢化剂、重水为冷却剂、直接利用天然铀作为核燃料的反应堆。经过 40 多年的发展,坎杜堆成为当前比较成熟的商用堆型之一。与压水堆相比,坎杜堆核燃料循环更加方便,不需要铀氟化以及同位素分离和浓缩的过程,其乏燃料中剩余的 ^{235}U 比压水堆乏燃料低得多,铀资源利用率较高。

20 世纪初我国秦山三期从加拿大引进两台 70 万千瓦坎杜堆型(CANDU-6)核电机组,总装机容量为 2×728 MW,设计寿命 40 年。1998 年,我国与加拿大签订了坎杜堆燃料组件制造技术转让合同。2002 年 12 月我国建成了第一条重水堆燃料组件生产线。该生产线设计生产能力为年产 200 t(铀)CANDU-6 型核燃料组件,可满足秦山三期两台坎杜堆核电机组的换料需求。多年的运行经验证明,坎杜堆燃料组件达到当代同类型燃料组件制造水平,其制造技术的引进是成功的。

坎杜堆燃料组件的设计特征如下:

①燃料组件在压力管中水平放置,不停堆装卸料;

②允许冷却剂压力和辐照蠕变造成的燃料棒包壳坍塌;

③燃耗低,约 7 100 MW·d/tU,铀利用率低,需频繁换料;

④燃料组件经常处于功率变化运行工况;

⑤裂变气体产生和释放低,燃料棒内只留有少量(2 mm)气体空腔。

(1)坎杜堆燃料组件结构

坎杜堆燃料棒是由 UO_2 陶瓷芯块、锆-4 合金包壳管、端塞组成。燃料芯块是未经浓缩的 UO_2 粉末经压制成型、高温烧结而成的圆柱形陶瓷芯块,其密度大于 10.45 g/cm^3,氧铀比为 2.000～2.015。高密度燃料芯块可使燃料在堆内有尽可能多的可裂变材料和尽可能小的体积变化。芯块端面呈碟形,芯块端部有倒角。芯块柱面要经磨床磨削,以得到较高的光洁度,包壳管内壁有石墨涂层,可以保证芯块与包壳有良好的接触及有利于热传导;包壳管两端由端塞密封焊接组成燃料棒。

每个 CANDU-6 型燃料组件由 37 根燃料棒组成。UO_2 芯块装入壁厚 0.4 mm 的锆-4 合金包壳管内。包壳管两端由端塞密封焊接组成燃料棒。37 根燃料棒按固定位置排列,两侧用端板焊接固定,组成燃料组件。燃料棒之间的间隙以钎焊隔离块保持。燃料组件和压力管之间的间隙则靠钎焊于外圈燃料棒表面上的支承垫来保持。每个燃料组件重 24 kg 左右,结构材料的质量占燃料束质量的 10% 以下,UO_2 燃料的质量占燃料束质量的 90% 以上。图 1-11 是一个典型的坎杜堆的燃料组件,表 1-4 给出了 CANDU-6 型燃料组件设计参数。

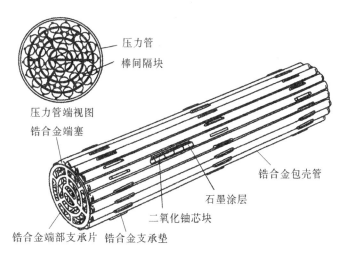

压力管
棒间隔块
压力管端视图
锆合金端塞
锆合金包壳管
石墨涂层
二氧化铀芯块
锆合金端部支承片　锆合金支承垫

1—端塞;2—端板;3—包壳管;4—芯块;5—石墨涂层;6—支承垫;7—隔离块;8—压力管。

图 1-11　CANDU-6 型燃料组件

表 1-4　CANDU-6 型燃料组件设计参数

名称	参数
裂变材料	天然 UO_2
结构材料	锆-4 合金
芯块形状	碟形带倒角圆柱体
芯块直径	12.2 mm
堆积高度	480 mm
芯块个数	30
密度	10.6 g/cm^3
氧铀比	2.000 ~ 2.015
总硼当量	1.184
包壳管外径	13.1 mm
包壳管厚度	0.4 mm
石墨层最小厚度	3 μm
隔离块长度	8.26 mm
隔离块宽度	2.29 mm
隔离块最小厚度	0.64 mm
支承面长度	25.4 mm
支承面宽度	2.03 mm

表1-4(续)

名称	参数
支承面最小厚度	1.0 mm
端板直径	90.8 mm
端板厚度	1.52 mm
燃料组件	
棒内压	0.1 MPa
棒间间隙	1.55 mm
棒与压力管间隙	1.03 mm
燃料组件长度	495.3 mm
燃料组件直径	102.4 mm
UO_2 质量	21.8 kg
锆-4合金质量	2.3 kg
运行工况	
燃料通道冷却剂流量	26.5 kg/s
燃料通道冷却剂压力降	840 kPa
燃料组件驻留时间(平均)	248EFPD[①]
燃料组件驻留时间(最大)	352EFPD
燃料组件名义功率	800 kW
峰值棒线功率	57.3 kW/m
平均卸料燃耗	171.7 MW·h/kgU
峰值棒燃耗	312.1 MW·h/kgU

注:EFPD 意为有效满功率天数。

CANDU-6型燃料具有以下优点:

①中子经济性好。坎杜型燃料元件的包壳管壁厚为沸水堆燃料元件包壳管壁厚的1/2(相当于压水堆燃料元件包壳管壁厚的2/3)。由于使用了薄壁包壳,中子的吸收很小,因此中子经济性好。

②安全性好。坎杜型燃料采用高密度的 UO_2 烧结芯块,又使用短尺寸燃料组件,这就使得坎杜型燃料实际上不存在密实化而引起倒塌的问题,减少了弯曲变形。包壳管内壁的石墨涂层提高了燃料功率和线功率的裕度,使燃料能够适应更大范围的功率波动,大大减小了元件破损率。据国际原子能机构技术统计,加拿大14个大型坎杜堆在1985年至1995年期间的燃料破损率非常低,每10 000只燃料组件中只有1到2只有缺陷,累计平均缺陷率低于0.1%。端塞的焊接为电阻焊,密封性能良好,燃料棒具有很好的可靠性。

③生产和运输方便。坎杜型燃料结构简单,一共只有6种零件,尺寸短小,无须占用很大的生产空间;质量较轻,无须笨重的起重设备;6种零部件结构简单,容易加工,省去了轻水堆燃料元件中结构复杂且价格昂贵的定位格架,这给生产和运输都带来了方便。

④生产成本低。坎杜型燃料不需要浓缩,所以其加工费用比轻水堆低浓铀芯块加工费用低得多。另外,所用锆合金结构材料也比轻水堆燃料元件少。

(2)坎杜型燃料组件的演变过程

从 1962 年第一个坎杜型示范重水堆(NPD)达到临界并投入商业运行以来,50 多年来坎杜型燃料元件的基本结构没有变,但是设计参数和制造工艺却有很大的改变。坎杜型燃料元件的发展主要有以下几方面:

①燃料组件中的燃料棒直径变小,燃料棒根数增加,燃料组件直径增大。

②随着燃料组件平均卸料燃耗的提高,额定单管功率大幅度提高。

③早期的坎杜型燃料棒之间的间隙用绕丝结构维持,1972 年之后改为钎焊隔离块结构。

④对材料的要求有所提高。如 UO_2 烧结芯块的密度由 10.3 g/cm^3 提高到10.6 g/cm^3,原料成分中硼和氟的含量控制更加严格,结构材料由锆－2 合金改为锆－4 合金。

⑤从 1972 年开始,包壳管内壁增加石墨涂覆工艺,这种具有石墨涂层的燃料元件称为CANLUB 元件,能有效减少燃料元件的破损率。

⑥燃料元件的制造工艺也改变了很多,如端塞密封焊接由氩气保护焊改为压力电阻焊,燃料组件组装焊接由铆焊或熔焊改为点焊等。

图 1－12 显示了坎杜型燃料组件的发展演变过程。

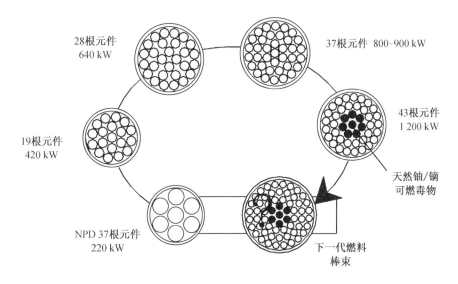

图 1－12　坎杜型燃料组件的发展演变过程

(3)坎杜型燃料未来发展

①CANFLEX 燃料

CANFLEX 燃料是加拿大原子能公司(AECL)与韩国原子能研究院(KAERI)联合开发的新一代坎杜型燃料组件,现已通过辐照性能试验,近期即可投入商业应用,加拿大新一代重水堆 ACR 拟采用这种类型的组件。CANFLEX 组件的基本结构和目前坎杜型的 NU－37燃料组件大体类似,两种组件的外径以及长度都相同,不同之处仅在于燃料元件棒的尺寸和根数。NU－37 组件采用同一直径(13.1 mm)的 4 环 37 根燃料组件结构;而 CANFLEX

组件由 43 根燃料元件棒组成,分为两种不同的尺寸:内部两环 8 根采用大直径(13.5 mm)的燃料元件棒,外部两环 35 根采用小直径(11.5 mm)的燃料元件棒。CANFLEX 组件的长度和外径与 NU‐37 组件相同(燃料组件长 495.30 mm,燃料组件外径 102.29 mm),因此现有的换料机构与 CANFLEX 组件有很好的相容性,使得 CANFLEX 组件可以在现有的秦山三期重水堆中直接使用而无须对堆芯几何结构和换料机构做任何调整。同时原有的元件制造生产线也无须作重大改变即可进行 CANFLEX 组件的生产。

另外,CANFLEX 组件有很强的适应性,可以做成多种燃料的载体,比如:天然铀(NU)、压水堆乏燃料回收铀(RU)、稍浓缩铀(SEU)、铀‐钚混合燃料(MOX)、钍(Th)等。CANFLEX 组件中,内、外环元件棒可使用不同的燃料,例如可以设计成在 CANFLEX 组件内部的 8 根元件棒含有 ThO_2 燃料,而外面两环元件棒则采用 SEU 作为驱动燃料的组件类型。这使得 CANFLEX 组件既可以方便地运用于目前天然铀燃料重水堆的改造,又为以后采用 RU、SEU 和 MOX 等先进燃料循环提供了有利条件,以及应用于新一代坎杜型重水堆中。

②用轻水堆的乏燃料作坎杜堆的燃料

用轻水堆的乏燃料作坎杜堆的燃料,这不仅节省了大量的铀资源,又提高了燃料的燃耗。天然铀中 ^{235}U 含量约为 0.711%(质量分数,下同),而轻水堆的乏燃料中 ^{235}U 为 0.8% ~0.9%,^{239}Pu 约为 0.6% ~0.8%,可裂变材料约为 1.5%,核反应能力足够,目前这项研究有三条途径:

a. DUPIC(direct use of spent PWR fuel in CANDU)燃料。压水堆乏燃料用干法处理,使铀‐钚与部分裂变碎片分开,铀‐钚不分离,只能除去部分裂变碎片,燃料仍具高放射性,必须遥控加工。一种是将燃料直接制成坎杜堆的几何尺寸,把压水堆乏燃料元件切成坎杜堆元件长度,拉直,两端焊上端盖(元件也可制成双包壳)。另一种是将压水堆乏燃料去掉包壳,把芯棒制成粉末,压成"新"坎杜堆芯块,烧结后再装入坎杜堆包壳,制成标准的坎杜堆元件。

b. MOX 燃料。轻水堆乏燃料经后处理,提取出其中的钚,再将铀和钚混合制造成 MOX 燃料。

c. 回收铀(RU)燃料。轻水堆乏燃料处理后的回收铀,放射性略高于天然铀,无操作困难,管理简单。压水堆的乏燃料进行后处理后分离出 ^{235}U(约 0.9 %)、钚(约 0.6 %)和锕系元素。对于回收铀仍然可以加以利用,一种是对其再浓缩后在轻水堆中继续利用。但是由于放射性污染原因,例如,^{232}U 的放射性衰变产物在回收铀中的存在,特别是经过再浓缩后 ^{232}U 的浓度增加约 4 倍,因而要求在铀浓缩及燃料制造厂增加屏蔽。同时由于吸收中子的同位素 ^{236}U 的存在,就需要提高 ^{235}U 的丰度以补偿中子的损失(^{236}U 每增加 1 %,^{235}U 的丰度就需额外增加 0.3 %)。这些都是造成回收铀再浓缩应用在经济方面存在缺点的不利因素。因此,目前许多国家和压水堆业主并不主张在轻水堆中使用再浓缩铀。回收铀正好具有坎杜堆的优选富集度,不需要浓缩便可在坎杜堆中加以利用。回收铀中较低放射性(与再浓缩回收铀相比)对于坎杜堆燃料制造来说,这一放射性水平是可以接受的。因而原有的燃料制造厂不需要做重大改造。

③低浓铀作燃料

用浓缩到 0.9% ~1.5% 的 ^{235}U 作为坎杜堆燃料,其优越性如下:

a. 燃料循环成本降低 30%;

b. 减少乏燃料数量;

c. 可获得更高的运行安全裕度;

d. 可提高额定功率,1.2% ^{235}U 燃料的燃耗为天然铀的 3 倍;

e. 可提高铀利用率。

④钍 – 铀循环

钍在地表有丰富的储量,约为铀的 3 倍。钍本身不是可裂变材料,经中子辐照后转变为可裂变材料 ^{233}U。如 ^{233}U 得到回收,天然铀的需求量可减少 90%。引入钍的燃料组件如图 1 – 13 所示(CANFLEX 组件内部的 8 根元件棒含有 ThO$_2$ 燃料,而外面两环元件棒则采用 SEU 作为驱动燃料)。

钍燃料在坎杜堆的循环可分为一次循环和直接再循环两种,其中一次循环方案又可分为如下两种方案:

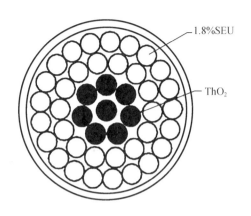

图 1 – 13　引入钍的燃料组件

方案一:混合燃料通道,钍和驱动燃料装在不同的燃料通道内,换料速率独立可调,燃料管理比较复杂。

方案二:混合燃料组件,钍和驱动燃料装在同一燃料组件内,钍和稍加浓缩铀具有同样的驻留时间,燃料管理简单。

4. VVER 燃料组件

我国从俄罗斯引进了两座 VVER – 1000 压水堆核电机组(田湾核电厂),同时引进了 VVER – 1000 燃料组件的制造技术,从第一炉换料开始采用国产燃料组件代替俄罗斯生产的燃料组件。VVER 燃料组件在设计、结构和材料方面与西方国家的压水堆燃料组件有很大区别(结构见图 1 – 14),其燃料组件呈六角形排列,外区有 66 根燃料棒,内区有 265 根燃料棒。VVER 组件中控制棒导向管 18 根,定位格架 15 个,其主要设计参数见表 1 – 5。

VVER – 1000/V – 428 型燃料组件由上、下管座等结构部件和燃料棒构成。燃料组件内 331 根燃料棒的位置呈正三角形排列,其中有 311 根燃料棒、18 根可放置控制棒或可燃毒物棒的导向管、1 根中心管和 1 根中子与温度测量管、15 层定位格架和 1 层下部支承格架。上管座由不锈钢制成,通过可拆卸构件与燃料组件相连。燃料组件固定在下部支承格架上,下部支承格架与下管座相连。上管座借助于特殊的钩子与燃料组件相连,以防止自发性脱钩。可拆卸的上管座使得工作人员能够对燃料棒端头进行检查和执行后续的行动。

弹簧组件是一组弹簧(19 根),弹簧材料为铬镍合金,用于缓解因事故保护触发在控制棒下落时对驱动杆的冲击,以及补偿热膨胀和导向管的辐照生长。中子和温度测量管用于容纳堆内核测探头,并留在保护管组件冷却剂流混合孔内。在燃料组件骨架中,导向管作为支承元件。导向管为外径 13.0 mm,内径 11.0 mm 的管子,底部带有端头,其焊接在下支承格架上。导向管的上部有套环,以便与上管座相连。导向管由锆铌合金(E110)制成。冷却剂流孔开在导向管端头上,以便冷却控制棒和可燃毒物棒。定位格架将燃料棒固定在燃料组件内。定位格架的夹紧力借助于格架栅元的弹性变形来实现。定位格架是一套围在围板内的六角形栅元。栅元与栅元之间、栅元与围板之间通过焊接相连。定位格架由锆 – 铌合金制成。为了防止不可预见的定位格架沿燃料组件移动,在定位格架的两侧和中心管上设置了安全限位套管。下部支承格架由不锈钢制成。燃料棒外径为 9.1 mm,包壳管壁厚为 0.63 mm,包壳管内装烧结的、带中心孔的 UO_2 燃料芯块。

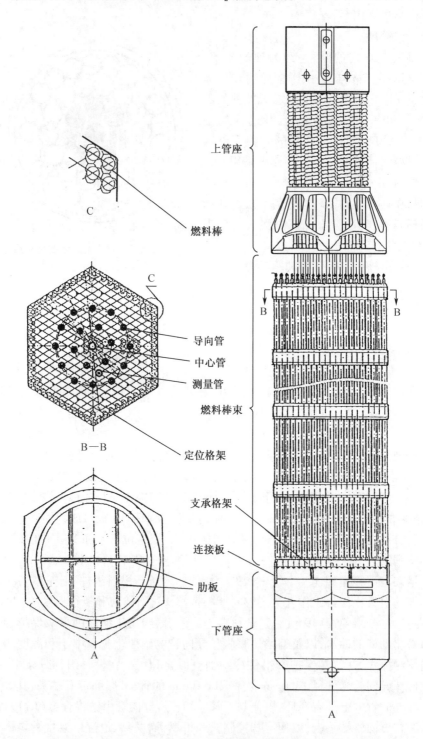

图 1-14　VVER-1000 燃料组件

上、下端塞与包壳管焊接相连,端塞与包壳管材料均为锆－铌合金。为了容纳运行过程中产生的气态裂变产物,以及补偿包壳与芯块之间的热膨胀差,燃料棒上腔室提供了248 mm长的存储气腔。燃料芯块柱由压紧弹簧固定在规定位置上。通过燃料棒下端塞的适度变形将燃料棒固定在组件下部支承格架上。燃料棒内预充压力为(2 ± 0.25) MPa 的氦气,这是为了防止运行过程中芯块与包壳间的机械相互作用,确保燃料芯块向包壳的良好的传热性能。下管座为一焊接结构件,由不锈钢材料制成,安放在球形支承架上。借助下管座外部的定位销,燃料组件与反应堆下栅板的槽相互配合,以保证燃料组件在反应堆堆芯内的准确定位。

表 1 – 5 VVER – 1000 燃料组件参数

名称	单位	参数
燃料组件高度	mm	4 570
组件中 UO_2 质量	kg	490
组件中燃料棒根数		331
^{235}U 富集度	%	1.6,2.4,3.3,3.62,4.1
组件中导向管数		18
导向管材料		Zr1Nb
定位格架数		15
定位格架材料		Zr1Nb
吸收体材料		B_4C,Dy_2O_3,TiO_2
UO_2 密度	g/cm³	10.4 ~ 10.7
UO_2 芯块外径	mm	7.57
包壳外径	mm	9.1
包壳厚度	mm	0.71
直径间隙	mm	0.16
预充氦气压力	MPa	2
燃料棒长度	mm	3 837
燃料堆积高度	mm	3 530
包壳最高温度	℃	352
燃料棒最大线功率	W/cm	448
燃料棒最大燃耗	MW·d/tU	58 000
包壳材料		Zr1Nb

第2章　压水堆燃料元件设计的法规和标准

我国核电标准的法律法规体系共分5个层次。

第一层次为国家法律,包括《中华人民共和国原子能法》《中华人民共和国环境保护法》《中华人民共和国放射性污染防治法》等,规定了我国核工业发展的方针、政策和安全、健康与质量等方面的根本要求。

第二层次是国务院行政法规,即国务院制定和颁发的与核能有关的管理条例,如《中华人民共和国核材料管理条例》《核电厂核事故应急管理条例》等,这些条例规定了监管原则和程序、管理范围、管理机构及其职责和权限等重大问题,同样具备法律约束力。

第三层次是工业标准和部门规章。我国核工业标准原则上采用国际先进标准,并采用部分中国标准(如 GB、EJ 和其他工业标准),有相当部分是由国外标准转化而成的。我国的标准(含等效标准)均由政府主管部门(国家质量技术监督局)或行业主管部门(国防科学技术工业委员会、各行业协会、各集团公司等)发布,而与核安全相关的部门规章则是由国家核安核全局发布的,即核安全法规(HAF),例如,《核电厂质量保证安全规定》(HAF 003),《核动力厂设计安全规定》(HAF 102)等,这些工业标准和部门规章也具备法律约束力。

第四层次是指导性文件,即安全导则(HAD)。这些导则是对核安全法规性文件和标准的说明和补充,以及在使用的方法和程序上给出推荐性的建议。与燃料元件和组件有关的导则有:《核电厂设计中的质量保证》(HAD 003/06)、《核电厂燃料装卸和贮存系统》(HAD 102/15)、《核电厂堆芯和燃料管理》(HAD 103/03),等等。

第五层次是参考性文件,即核工业内部的技术性要求。它是在核工业和常规工业所制定的标准和规范的基础上,在满足核安全法规和导则要求的前提下,针对某一类型核电厂或某一物项(如燃料元件)而制定的内部标准、技术条件或技术规格书等。

上述前三个层次具有法律效应,属于强制性的标准,要求必须执行;而后两个层次则属于非强制性的标准,又分为推荐性和参考性两种,前者表示建议,后者表示允许。在不遵照标准规定而采用其他的方法或程序时,必须论证其他方法或程序的正确性或可达到同等的效果后才能采用。

总之,标准的层次由高到低,强制性逐渐减弱,适用范围逐渐变窄,技术性逐渐加强,尤其是第五层次所包含的专业性内容相当广泛、具体、详细,具有较强的针对性,是进行具体设计、制造、施工、运行所必要的文件,具有良好的可执行性。

我国核电标准体系,是根据或参照国际上核发达国家的核电标准体系而建立起来的,是与国际接轨的。对燃料元件的标准而言,需要在全国和在核行业范围内统一的技术要求,应分别定为国家标准和核工业行业标准。在国家标准中,凡需要在全国范围内统一的技术术语、符号、代号标准,与人身及环境安全密切相关的标准等,为强制性的国家标准,其他均属于推荐性的国家标准。在核工业行业标准中,凡是核工业行业专用的技术术语、符号、代号、文件格式、制图方法等通用技术语言标准,核燃料的安全、防护、环保标准等,为强制性的核工业行业标准,其他均属于推荐性的核工业行业标准。按政府主管部门(国家质量技术监督局)规定的原则分为国家标准(代号为 GB)和核工业行业标准(代号为 EJ)两级,其中标准号前冠以 GB 或 EJ 表示是强制性的,而标准号前冠以 GB/T 或 EJ/T 则表示是推荐性的。例如,EJ/323—1988《压水堆核电厂燃料组件设计准则》(含燃料元件设计准则),属于强制性的;而后来的 EJ/T 323—1998 取代了 EJ/323—1988,则属于推荐性的。

我国实施压水堆路线,压水堆堆燃料元件和组件的标准属核工业行业标准。所以至今已发布的和即将发布的均是压水堆燃料元件和组件的标准。压水堆燃料元件和组件必须遵循有关的标准进行设计、制造和使用。

2.1　压水堆核电站设计四类工况

根据《压水堆核电厂运行及事故工况分类》(EJ 312—1988)中的规定,将压水堆核电厂工况分为以下 4 类。

1. 第一类工况(正常运行工况)

第一类工况是压水堆核电厂在启动、调试、功率运行、换料、维护或检修过程中所预计到的经常性或定期出现的工况。第一类工况事件引起的物理参数变化不会达到触发保护动作的阈值。这类工况包括稳态运行和启动、停堆操作,在允许偏差范围内的运行,升温、降温或负荷阶跃变化等运行瞬态。

2. 第二类工况(中等频率的事故)

在每年内部可能发生的预计运行事件或一般事故称为第二类工况。在第二类工况下最多要求反应堆停堆,但采取校正措施后即能恢复运行。据此定义,这些事故不会扩大到引起更严重的第三类工况和第四类工况事故;此外,这些事故预计不会发生燃料棒破损或反应堆冷却剂系统超压。在第二类工况事故下,当达到规定的阈值时,保护系统能够应急停堆。但是在完成必要的校正动作和满足一些要求后,反应堆可重新投入运行。

在第一类、第二类工况下都不允许燃料组件损坏,在消除事故的正常操作过程结束后,反应堆要恢复到满功率正常运行状态。

3. 第三类工况

第三类工况又称危急工况或稀有事故,其发生的频率在 10^{-4}/堆年到 10^{-2}/堆年之间,对单个核电厂来说,在其寿期内不大可能发生。在此工况下,虽然会发生一定的燃料损伤,并使反应堆在一个长的停堆时间内不能恢复运行,但是燃料棒的破损仅为小份额,释放的放射性物质不足以中止或限制居民使用非居住区半径以外的区域。第三类工况本身不会扩大成第四类工况的事故,不会进一步丧失反应堆冷却剂系统或安全壳屏障的功能。

例如反应堆冷却剂系统出现的小破口(small break)失水事故(loss of coolant accident, LOCA)、燃料组件装错位、反应堆一回路冷却剂完全失流等,这些属于第三类工况。

4. 第四类工况

第四类工况也称极限事故,这类事故发生的频率小于 10^{-4}/堆年,是在核电厂规定寿期内预计不会发生的假想事故。然而一旦发生这类事故,可能会放出大量的放射性物质,因此,第四类工况代表了设计的极限情况,是最严重的工况。在此工况下,要求释放到周围环境的放射性裂变产物不应对居民的健康和安全造成过度的危害,以致超过国家规定的剂量标准。单一的第四类工况事故不应使对这类事故所需系统的功能(如堆芯应急冷却系统和安全壳的功能)丧失,燃料组件应保持可以冷却的几何形状,反应堆处于次临界状态。例如,大破口(large break)失水事故属于第四类工况。

2.2　压水堆燃料组件的功能要求

对压水堆燃料组件的功能有如下要求:

(1)提供并保持燃料组件合适的几何形状和轴向、径向位置,目的是为了保证燃料棒在燃料组件中和燃料组件在堆芯中的准确定位。

(2)提供合适的冷却剂流道和传热条件。

(3)提供一道屏障(包壳)将燃料和裂变产物同冷却剂隔开。

(4)考虑所有尺寸变化因素,允许燃料棒、燃料组件及其相邻的堆内构件有必要的轴向和径向膨胀。

(5)能够承受自身的支承载荷,即要求是自立的,并具有足够抵抗由堆芯径向和轴向载荷引起的变形的能力。

(6)应能承受振动、磨蚀、升力、气蚀、压力波动和流动不稳定性等各种水力的作用。

(7)为控制反应堆裂变过程提供条件,即设置导向管为控制棒运动提供通道和必要的缓冲,保证控制棒的落棒时间(其限值由事故分析确定)和行程末端可接受的末速度,以及能承受控制棒运动产生的磨损与冲击;可以使用可燃毒物棒或化学补偿剂;能承受中子照射和温度、压力等各种稳态和瞬态载荷的作用。

(8)能容纳堆芯测量装置和各种燃料相关组件。

(9)能适应化学、热、机械和辐照对所用材料的影响,即在堆内服役期间的腐蚀、氢化、辐照脆化、预期的相互作用、燃料密实、蠕变和松弛,以及辐照后在乏燃料水池或其他乏燃料储存设施中的储存。

(10)为燃料组件装卸、运输和堆芯装卸料提供抓取接触部位、压紧弹簧等其他必要的附件,包括装料设备及与堆内接口设备的相容性。

(11)保证堆芯内所有燃料组件(包括换料的新组件和部分燃耗的或重新组装的燃料组件)相互之间的相容性、燃料组件与相关组件,以及与堆内构件的相容性(包括结构和横向流,但不包括核相容性)。

(12)可拆式燃料组件,应适于组件检查、修理和重新组装。

(13)燃料组件应具有防止异物引起燃料棒破损的能力。

(14)燃料组件应设置必要的标志。

2.3　压水堆燃料组件设计的特殊要求

压水堆燃料组件设计的特殊要求有以下几点:

1. 材料性能

为了进行具体的评价,在材料性能选择方面应该满足下列通用准则:

(1)设计者在评价燃料组件各零部件的性能时,既要考虑未辐照材料的性能,又要考虑辐照后材料的性能;

(2)应通过对燃料微观组织再分布、功率峰和储能的评价,来确定辐照引起的燃料密实;

(3)应采用与部件预计温度相应的材料性能数据来考虑温度对各种材料性能的影响;

(4)选用与中子注量率或注量有关的材料性能数据时,应说明中子注量率能谱的影响。

2. 腐蚀

用下述准则评价燃料组件各零部件的腐蚀行为对其性能的影响:

(1)应在代表反应堆运行的条件下取得燃料组件材料的腐蚀数据;

(2)计算燃料芯块和包壳温度时,必须考虑传热表面上积累的腐蚀膜和结垢对传热的影响;

(3)必须考虑制造工艺(如冷加工、热处理、应力消除、焊接和表面处理)对腐蚀行为的影响。

3. 锆合金氢化物控制

为了将一次氢化造成的锆合金包壳穿孔减少到最低限度,必须确定燃料棒和可燃毒物棒内最大可接受的当量氢含量。

4. 磨蚀

定位格架应尽量抑制棒和支承表面之间的相对运动,以防止燃料棒包壳因过度磨损而破损或明显降低其承受运行载荷的能力。定位格架设计及其在燃料组件内定位的合理性,需通过在有代表性的冷却剂温度、压力、流量和化学条件下的试验或分析来确认。初始设计应遵循下列准则:

(1)确定燃料棒定位格架的轴向跨距时,必须考虑已知的或预测的激振频率;

(2)用试验或分析法验证定位格架设计的合理性时,必须考虑那些造成定位格架栅元对燃料棒的夹持力减小的因素,如支承弹簧应力松弛、包壳向内蠕变、不同热膨胀和格架条带横向辐照生长等,对于新燃料组件的定位格架,必须规定初始夹持力的范围;

(3)必须考虑燃料组件内和燃料组件相互之间的流量重新分配(如上管座及格架处、堆芯围板结合处流体喷射可能引起的横向流);

(4)设计者必须对包壳磨蚀及其对有关分析的影响进行分析或试验。

5. 燃料组件压紧力

对于采用压紧结构(如弹簧)的设计,为了适应水力载荷的作用,设计者必须证明考虑了如下因素后,压紧结构仍具有足够的压紧力:

(1)压紧弹簧的应力松弛;

（2）第一类工况预计的最大流速；

（3）燃料组件压降，包括由于燃料组件内结垢沉积可能引起的压降增加；

（4）燃料组件和支承结构尺寸公差的组合；

（5）燃料组件和堆内构件之间的热膨胀差；

（6）燃料组件辐照生长。

6.燃料棒轴向生长允许量

燃料棒和燃料组件管座之间必须留有足够的轴向间隙，以补偿燃料组件设计寿期内预计的零部件尺寸变化。验证这一要求是否满足时，需考虑以下因素：

（1）燃料棒和燃料组件骨架之间的轴向热膨胀差和辐照生长差（包括燃料和包壳之间相互作用引起的包壳轴向伸长）；

（2）尺寸公差；

（3）燃料组件骨架轴向压缩和蠕变变形。

7.燃料棒内压

由包壳蠕变、鼓胀和坍塌引起的燃料棒内压变化，对燃料棒的性能有显著的影响，因此必须考虑整个寿期内燃料棒内压发生的变化。燃料棒内压计算需要考虑如下效应：

（1）燃料芯块和包壳之间不同的热膨胀（轴向和径向）；

（2）燃料芯块的辐照肿胀；

（3）不挥发裂变产物的积累；

（4）填充气体在燃料内的溶解度；

（5）燃料芯块的端部碟形部位和开口孔内的气体温度高于芯块和包壳之间环形间隙内的气体温度；

（6）燃料的气态裂变产物释放；

（7）燃料的辐照密实；

（8）包壳的辐照生长和辐照蠕变，以及包壳的热蠕变；

（9）初始填充气体压力和零部件尺寸的预计变化；

（10）燃料材料吸附气体的释放。

8.包壳坍塌

燃料棒设计必须使包壳不会因长期蠕变效应而坍塌。包壳坍塌指包壳陷入燃料柱内的间隙。设计者应当规定包壳坍塌准则。验证是否满足这一要求时，需要考虑下列效应：

（1）燃料棒比燃耗和功率水平对燃料棒内压的影响，包括保守地估计裂变气体释放的影响；

（2）燃料芯块辐照密实和填充气体在燃料内的溶解度；

（3）燃料棒功率历史；

（4）部件尺寸公差和填充气体压力公差的最不利组合。

9.燃料棒弯曲

应确定燃料棒可接受的弯曲量。评价中，设计者需考虑下列弯曲效应：

（1）燃料和慢化剂体积比的局部变化对燃料棒局部峰值功率水平的影响；

（2）子通道冷却剂流动的变化对偏离泡核沸腾裕量或临界热流的影响；

（3）预计的燃料棒弯曲量对控制棒运动的影响。

10. 燃料组件弯曲和扭转

设计中应该按以下要求来考虑燃料组件可接受的弯曲和扭转量：

(1)应证明燃料装卸设备和储存装置，能接纳预计的燃料组件弯曲和扭转的最大值；

(2)评价燃料组件弯曲和扭转对控制棒运动的影响(如通过抽插摩擦阻力)；

(3)评价燃料组件弯曲和扭转对局部功率和冷却剂流量分配的影响。

11. 部件冷却剂流量

设计必须考虑为燃料组件内的部件(如控制棒、毒物棒、中子源和测量装置)提供足够的冷却剂流量。在确定足够的冷却剂流量时，需考虑设计的最小压头和对最大流动阻力有贡献的因素，如部件的尺寸公差、表面粗糙度、腐蚀、结垢、发热率、不同热膨胀和辐照引起的尺寸变化。

12. 燃料组件装卸

燃料组件设计应按照下列要求为所有预计的燃料组件装卸活动提供保证：

(1)燃料组件可按 HAF 0410 附录中的规定进行标示，并应便于识别组件在堆内的方位；

(2)燃料组件能承受正常操作载荷，包括使用前和使用之间的运输载荷；

(3)燃料组件应便于堆芯装卸料而不损伤；

(4)燃料组件能承受可能的拆装操作载荷，即为检查、维修、更换燃料棒或其他目的而进行的已辐照燃料组件的部分拆卸和重新组装而产生的载荷。

13. 芯块－包壳相互作用和包壳的应力腐蚀开裂

经验表明，在设计寿期末之前的反应堆正常运行模式下，燃料棒的包壳可能破损。在一些情况下，这些破损起因于包壳内表面起始的应力腐蚀裂纹，而应力腐蚀裂纹往往是由燃料芯块与包壳之间机械相互作用产生的局部包壳应力，以及存在某些裂变产物的联合作用而产生的。设计中应阐明用于评定破损机理的方法，以及保证达到评价可接受的低破损概率的设计特征、反应堆功率变化的限值，燃料芯块和包壳的负荷。

14. 应力应变分析

验证燃料组件完整性时，应对某些部件进行应力分析，并按下列要求进行评价：

(1)对承受多轴应力的部件，分析应采用哪种公认的应力组合方式(如最大应变能或最大剪应力)，并且应确定用于应力结果评定的应力准则；

(2)对承受循环载荷的部件，应确定累积效应，并应确定所使用的方法；

(3)对承受运行载荷引起显著蠕变应变的结构部件，应不因蠕变应变量过大而造成结构部件破坏；

(4)对同时承受循环载荷和蠕变应变的部件，应确定既考虑恒定载荷又考虑循环载荷的验收准则。

15. 冷却剂中的异物

燃料组件的设计应考虑在反应堆冷却剂中金属异物的容限。经验表明，冷却剂中小的金属异物可能是造成燃料棒破损的主要原因。

16. 积垢引起的局部腐蚀

应说明积垢沉积对可能导致包壳表面腐蚀率增加的潜在影响。这样的垢沉积可能同包壳产生化学反应，或可能使传热特征改变。尽管可以通过适当选择反应堆冷却剂系统的材料和电厂水化学使垢沉积减少到最低限度，但是燃料组件设计应尽可能地降低垢沉积的有害作用。

17. 中间储存

应考虑辐照后燃料组件装卸的影响,即考虑在反应堆堆芯和在堆现场乏燃料储存水池中的储存,或插入单独乏燃料储存设施(湿式或干式)之间的装卸影响。

18. 地震和 LOCA 载荷

确保地震和冷却剂丧失事故(LOCA)联合作用引起的机械载荷不致使燃料组件损伤到妨碍控制棒完全插入或不能保持可冷却性的程度。

2.4 压水堆燃料组件设计准则

下面介绍《压水堆核电厂燃料组件设计准则》(EJ/T 323—1998)中的相关规定。

2.4.1 压水堆燃料棒设计准则

(1)在超功率的条件下,燃料芯块中心温度不超过辐照燃耗下 UO_2 的熔点。UO_2 熔点($2\,850 \pm 15$)℃(未辐照 UO_2),随燃耗加深熔点下降,一般燃耗每增加 $10\,000$ MW·d/tU,熔点下降 32 ℃。

(2)寿期开始(beginning of life,BOL)时,在运行状态下,在外压作用下包壳没有坍塌,或者称自立的。

(3)寿期末(end of life,EOL)时,在运行条件下,燃料棒内最高气体内压低于能使芯块 – 包壳接触后重新出现径向间隙或者使径向间隙变大的值。

(4)寿期末包壳的环向应变应低于 1%,因为快中子辐照和包壳吸氢使包壳塑性降低,防止包壳应变过大导致包壳破坏。

(5)在整个设计寿期内,包壳的应力强度应满足美国机械工程师协会(ASME)规范要求,即

$$一次膜应力 \leqslant S_m$$
$$一次局部应力 \leqslant 1.5S_m$$
$$一次膜应力 + 弯曲应力 \leqslant 1.5S_m$$
$$一次膜应力 + 弯曲应力 + 二次膜应力 \leqslant 3S_m$$
$$一次局部应力 + 弯曲应力 + 二次应力 + 峰值应力 \leqslant S_a$$

式中　S_m——许用应力;

　　S_a——疲劳极限。

(6)寿期末包壳最大腐蚀深度应小于壁厚的 10%。

(7)在寿期末,锆包壳中的含氢量要小于设计规定值。

(8)UO_2 芯块中含水量不超过 10 mg/kg。

(9)在瞬态载荷(功率递增(power ramp))作用下,包壳的应力应低于碘应力腐蚀破坏的阈值。

(10)在失水工况下,锆包壳最高温度要低于设计限值($1\,200$ ℃);锆包壳氧化不超过壁厚的 17%;锆 – 水反应不超过包壳总量的 1%。

(11)燃料棒包壳累积的应变疲劳低于设计的应变疲劳寿命,即

$$\sum \frac{n_i}{N_i} \leqslant 1$$

式中　n_i——给定有效应变范围 ε_{ig} 下的循环次数;

　　　N_i——给定有效应变范围 ε_{ig} 下允许的循环次数。

(12)在整个设计寿期内包壳的有效应力应低于锆合金的屈服强度(考虑温度和辐照效应)。

(13)反应堆额定功率运行工况下,燃料棒内自由空间的当量水含量小于 2 mg/cm³。自由空间包括燃料棒气腔、芯块 – 包壳的环形间隙、芯块碟形坑、芯块的开口孔,以及芯块的中心孔。

2.4.2　压水堆燃料组件设计准则

(1)燃料组件的各种材料必须符合有关国家标准和行业标准。

(2)以合适的方式使燃料棒在燃料组件中定位和燃料组件在堆芯中定位,以构成并维持燃料组件在第一类工况和第二类工况下满足物理、热工 – 水力等要求的几何形状及径向、轴向位置。

(3)考虑到所有尺寸变化因素,应允许燃料棒和燃料组件轴向及径向的自由膨胀。

(4)组件应能承受第一类工况和第二类工况下由流体产生的振动、腐蚀、升力、压力波动和流动不稳定性等各种作用。

(5)燃料组件应设置导向管,为控制棒提供通道,或容纳可燃毒物棒、中子源棒、阻流塞及堆芯测量装置,并为它们提供足够的冷却剂流量。导向管的设计应考虑到快速落棒要求和为快速落棒提供必要的缓冲,并能承受瞬态作业和由控制棒动作引起的磨蚀及冲击。

(6)稳态工况下最小烧毁比(departure from nucleate boiling ratio,DNBR)要大于 1.8,预计瞬态事故工况下大于 1.3。

(7)堆芯所有燃料组件在结构上必须具有互换性。

(8)燃料组件应为其操作、运输和堆芯中的装卸提供抓取和接触部位,并应能承受相应操作、运输和堆芯中装卸时的载荷并与所有相关设备相容。

(9)燃料组件应设置必要的标志。

(10)燃料棒轴向伸长准则:燃料棒上、下端塞与上、下管座间要有充分的轴向间隙,防止导向管之间、导向管与管座连接处超应力。

燃料棒轴向伸长　　　　　　　$\varepsilon_Z = \varepsilon_g + \varepsilon_{PCI} + \varepsilon_c$

式中　ε_g——辐照伸长,$\varepsilon_g = A_f(\Phi_f)$(其中,$A_f$ 为常数;Φ_f 为快中子注量),cm^{-2};

　　　ε_{PCI}——芯块与包壳相互作用引起的轴向应变;

　　　ε_c——蠕变(creep)引起的轴向应变。

(11)定位格架弹簧力准则:在寿期末,燃料棒表面与定位格架之间的磨蚀不得超过包壳壁厚的 10%;沿轴向每个标高处,格架弹簧与燃料棒间保持接触。

(12)燃料组件机械设计准则参考《压水堆燃料组件机械设计和评价》(EJ/T 629—2001)。

燃料组件机械设计准则可适用上、下管座,控制棒导向管,定位格架等部件,具体要求如下:

①在横向 $6g$、纵向 $4g$ 的非运行载荷下应保证燃料组件尺寸稳定性(所谓非运行载荷是由运输、装卸料操作而引起的载荷)。

②对于第一类和第二类工况设计准则,将材料分为两大类——奥氏体不锈钢和锆合金,按第三强度理论——最大剪应力理论设计。

a. 对奥氏体不锈钢部件,像上管座、下管座等,许用应力(S_m)取下述最低值:

$$S_m = \frac{1}{3}\sigma_{bmin}(20\ ℃)\ 或\ S_m = \frac{2}{3}\sigma_{0.2min}(20\ ℃)$$

$$S_m = \frac{1}{3}\sigma_{bmin}(320\ ℃)\ 或\ S_m = \frac{2}{3}\sigma_{0.2min}(320\ ℃)$$

b. 对锆合金部件,像控制棒导向管、定位格架等,许用应力不应超过未经辐照的锆合金工作温度下的 $\sigma_{0.2}$,即

$$S_m \leqslant \sigma_{0.2min}(320\ ℃)$$

所以,燃料组件结构部件应力应遵循下列准则:

$$一次膜应力 \leqslant S_m$$

$$一次应力 + 弯曲应力 \leqslant 1.5S_m$$

$$一次膜应力 + 二次膜应力 + 弯曲应力 \leqslant 3.0S_m$$

③对于第三类和第四类工况设计准则,有如下要求:

a. 部件产生的变形不影响反应堆和燃料棒的紧急冷却。

b. 对奥氏体不锈钢部件应力限值:

$$一次膜应力 \leqslant 2.4S_m\ 或\ \sigma_b$$

$$一次膜应力 + 弯曲应力 \leqslant 3.6S_m\ 或\ 1.05\sigma_b$$

对锆合金部件应力限值:

$$一次膜应力 \leqslant 1.6\sigma_{0.2}\ 或\ 0.7\sigma_b$$

$$一次膜应力 + 弯曲应力 \leqslant 2.4\sigma_{0.2}\ 或\ 1.05\sigma_b$$

式中　$\sigma_{0.2}$——工作温度材料屈服强度;

σ_b——工作温度材料极限强度。

c. 对镍基合金定位格架(Inconel - 718),有如下要求:

$$P \leqslant 0.9P_c$$

式中　P——作用于格架上的载荷;

P_c——试验确定的格架坍塌载荷。

2.5　应力分类和强度理论

2.5.1　应力分类

1. 一次应力

一次应力又称为"基本应力",是平衡压力与其他机械载荷所必需的法向应力或剪应力。它是由外部载荷所产生的,这些外部载荷包括内压、外压、自重以及其他外力(如风载)

和外加力矩(如接管力矩),在个别情况下还包括温度。

一次应力具有以下几个明显的特征:

(1)这类应力是结构在载荷作用下为了保持各部分(整体的或局部的)平衡所需的。

(2)这类应力在结构的整体上或很大区域内都有分布。其分布区域的范围与结构的长度或容器的半径为同一量级。因此,当一次应力的强度达到或超过材料的屈服极限时,结构将在整体或很大区域上产生屈服现象,致使容器塑性变形不断增大,最后导致破裂。这类应力不能靠本身达到屈服极限来限制其大小,因此又叫"非自限性"应力。

一次应力按照其沿容器壁厚方向分布的均匀程度又分为一次薄膜应力和一次弯曲应力。

(1)沿着容器壁厚方向均匀分布的一次应力,叫作一次薄膜应力,它对容器强度的危害性最大。在一次薄膜应力达到材料的屈服极限后,整个容器将出现屈服现象,因此对这类应力的限制比较严格。

(2)扣除一次薄膜应力后,在厚度方向线性分布的一次应力叫作一次弯曲应力。例如,垂直于容器轴线方向的自重在容器中所产生的弯曲应力,相邻结构物在容器上引起的弯曲应力等均属于此类。这类应力对容器强度的危害没有一次薄膜应力那样大,这是因为当最大应力达到材料的屈服极限而进入塑性状态时,其他部分的材料仍处于弹性状态,仍能继续承受载荷。所以在设计中允许一次弯曲应力有稍高的许用应力值。

(3)除了上述两种一次应力外,还有一种叫作局部薄膜应力。它是由处于某些外部载荷所引起的薄膜应力和已经由边界效应所引起的薄膜环向力的统称。这种局部薄膜应力和一次薄膜应力一样,也是沿壁厚方向均匀分布的;但又有区别,它不像一次薄膜应力那样在容器的整体或很大区域都有分布,而只发生在较小的局部区域内。因此,这类应力本属于二次应力,但是从保守的角度考虑,仍将它划分为一次应力。因为它是局部的,所以也允许有稍高的许用应力。

2. 二次应力

二次应力是由相邻部件的约束或结构自由约束(指超静定的多余约束)所引起的应力。

与一次应力相比,二次应力也具有几个明显的特征:

(1)它不是为了与外力平衡,而是为了满足变形的协调而产生的应力,这种应力组成一个自平衡的力系。

(2)它是局部性的,即它的分布区域比一次应力小,其分布区域的半径与 $\sqrt{Rt}$ 为同一量级,其中 R 为壳体半径,t 为壁厚。

由于二次应力的分布是局部的,因此当二次应力的强度达到材料的屈服极限时,只引起结构的局部屈服,而大部分区域仍处于弹性状态,所以结构仍能继续工作。

由于这类应力都是由于变形受到某种限制而引起的,因此当应力达到屈服极限而发生屈服时,变形变得比较自由,所受的限制也就大大减小,所以局部地区的应力和变形在屈服后不会继续增加,而是得到某种程度的缓和,因此二次应力又叫自限性应力。

二次应力也允许有较高的许用应力值。

3. 峰值应力

扣除了薄膜应力和弯曲应力(包括一次和二次应力)后,沿壁厚方向非线性分布的那部分应力,叫作峰值应力。例如,壳体结构变形突变、开孔以及集中载荷作用处,都有这类应力的存在。它的基本特征是:应力分布区域很小,其区域范围的半径与容器壁厚为同一量级;它不会引起整个结构的明显变形,而是导致容器产生疲劳破裂和脆性破坏的原因之一,只是在疲劳设计时才加以限制。

一般将以上三种应力做如下记号规定:P 为一次应力;P_m 为一次薄膜应力;P_b 为一次弯曲应力;Q 为二次应力;F 为峰值应力。

2.5.2 四种常用的强度理论

强度失效的主要形式有两种:屈服与断裂。相应地,强度理论也分为两类:一类是解释断裂失效的,其中有最大拉应力理论和最大伸长线应变理论;另一类是解释屈服失效的,其中有最大切应力理论和畸变能密度理论。

1. 第一强度理论(最大拉应力理论)

这一理论认为最大拉应力是引起断裂的主要因素,即认为无论在什么应力状态下,只要最大拉应力达到材料性能有关的某一极限值,材料就发生断裂。既然最大拉应力的极限值与应力状态无关,就可以用单向应力状态确定这一极限值。

单向拉伸只有 $\sigma_1(\sigma_2 = \sigma_3 = 0)$,而当 σ_1 达到强度极限 σ_b 时,发生断裂。这样,根据这一理论,无论是什么应力状态,只要最大拉应力 σ_1 达到 σ_b 就导致断裂,于是断裂准则如下:

$$\sigma_1 = \sigma_b \tag{2-1}$$

将极限应力 σ_b 除以安全因数得许用应力 $[\sigma]$,所以按第一强度理论建立强度条件:

$$\sigma_1 \leqslant [\sigma] \tag{2-2}$$

铸铁等脆性材料在单向拉伸下,断裂发生于拉应力最大的截面。脆性材料的扭转也是沿拉应力最大斜面发生断裂。这些都与最大拉应力理论相符。

这一理论没有考虑其他两个主应力的影响,且对于没有拉应力的状态(如单向压缩、三向压缩等)也无法应用。

2. 第二强度理论(最大伸长线应变理论)

这一理论认为最大伸长线应变是引起断裂的主要因素,即认为无论什么应力状态,只要最大伸长线应变达到与材料性能有关的某一极限值,材料即发生断裂。

设单向拉伸直到断裂仍然用胡克定律计算应变,则拉断时伸长线应变的极限应为 $\varepsilon_u = \dfrac{\sigma_b}{E}$。按照这一理论,任意应力状态下,只要达到极限值,材料就发生断裂,故得断裂准则为

$$\varepsilon_1 = \frac{\sigma_b}{E} \tag{2-3}$$

由广义胡克定律有

$$\varepsilon_1 = \frac{1}{E}[\sigma_1 - \mu(\sigma_2 + \sigma_3)] \tag{2-4}$$

得断裂准则

$$\sigma_1 - \mu(\sigma_2 + \sigma_3) = \sigma_b \tag{2-5}$$

将许用应力除以安全因数得许用应力 $[\sigma]$,于是按第二强度理论建立的强度条件为

$$\sigma_1 - \mu(\sigma_2 + \sigma_3) = [\sigma] \tag{2-6}$$

石料或混凝土等脆性材料受轴向压缩时,如在试验机与试块的接触面上添加润滑剂,以减少摩擦力的影响,试块将沿垂直于压力方向伸长,这就是最大线应变的方向。而断裂

面又垂直于伸长方向,故断裂面平行于压力方向。铸铁在拉 - 压二向应力且压应力较大的情况下,试验结果也与这一理论接近。

3. 第三强度理论(最大切应力理论)

这一理论认为最大切应力是引起屈服的主要因素,即认为无论什么样的应力状态,只要最大切应力 τ_{max} 达到与材料性能有关的某一极限值,任意应力状态下,$\tau_{max} = \dfrac{\sigma_1 - \sigma_3}{2}$,于是得出屈服准则:$\dfrac{\sigma_1 - \sigma_3}{2} = \dfrac{\sigma_s}{2}$,得到按第三强度理论建立的强度条件是

$$\sigma_1 - \sigma_3 = \sigma_s \tag{2-7}$$

许用应力除以安全因数得许用应力 $[\sigma]$,于是最大切应力屈服准则为

$$\sigma_1 - \sigma_3 = [\sigma] \tag{2-8}$$

4. 第四强度理论(畸变能密度理论)

这一理论认为畸变能密度是引起屈服的主要因素,即认为无论什么应力状态,只要畸变能密度 v_d 达到与材料性能有关的莫伊极限值,材料就发生屈服。单向拉伸或压缩时,如应力和应变关系是线性的,利用应变能和外力做功在数值上相等的关系,得到应变能密度 v_ε 的计算公式为

$$v_\varepsilon = \frac{1}{2}\sigma\varepsilon \tag{2-9}$$

则三向应力状态下的应变能密度 v_ε 为

$$v_\varepsilon = \frac{1}{2}\sigma_1\varepsilon_1 + \frac{1}{2}\sigma_2\varepsilon_2 + \frac{1}{2}\sigma_3\varepsilon_3 \tag{2-10}$$

三向应力同样适用于广义胡克定律:

$$\varepsilon_1 = \frac{1}{E}[\sigma_1 - \mu(\sigma_2 + \sigma_3)]$$

$$\varepsilon_2 = \frac{1}{E}[\sigma_2 - \mu(\sigma_3 + \sigma_1)]$$

$$\varepsilon_3 = \frac{1}{E}[\sigma_3 - \mu(\sigma_1 + \sigma_2)] \tag{2-11}$$

将(2 - 11)代入(2 - 10)得应变能密度为

$$v_\varepsilon = \frac{1}{2E}[\sigma_1^2 + \sigma_2^2 + \sigma_3^2 - 2\mu(\sigma_1\sigma_2 + \sigma_2\sigma_3 + \sigma_3\sigma_1)] \tag{2-12}$$

应变能密度 v_ε 由两部分组成,即

$$v_\varepsilon = v_v + v_d \tag{2-13}$$

v_v 是因材料体积发生变化而储存的应变能密度发生了变化,称为体积改变能密度。

设体积应变为 ε_v,则由正方形单元体推导出:

$$\varepsilon_v = \varepsilon_1 + \varepsilon_2 + \varepsilon_3 \tag{2-14}$$

将(2 - 11)代入(2 - 14)得

$$\varepsilon_v = \frac{1-2\mu}{E}(\sigma_1 + \sigma_2 + \sigma_3) \tag{2-15}$$

单元体的体积平均正应力为 σ_m,且

$$\sigma_m = \frac{1}{3}(\sigma_1 + \sigma_2 + \sigma_3) \tag{2-16}$$

将式(2-15)和式(2-16)代入式(2-9)得体积改变能密度为

$$v_v = \frac{1}{2}\sigma_m\varepsilon_v = \frac{1-2\mu}{6E}(\sigma_1 + \sigma_2 + \sigma_3)^2 \tag{2-17}$$

v_d 是由单元体从正方体改变为长方体而引起的应变能密度,称为畸变能密度(或叫作形状改变能密度),显然,$v_d = v_\varepsilon - v_v$。将式(2-12)式(2-17)代入得

$$v_d = -\frac{1+\mu}{6E}\left[(\sigma_1-\sigma_2)^2 + (\sigma_1-\sigma_3)^2 + (\sigma_2-\sigma_3)^2\right] \tag{2-18}$$

单项应力状态下的畸变能密度为 $v_d = \frac{1+\mu}{3E}\sigma^2$,只要畸变能密度 v_d 达到应力极限值 σ_s,便引起材料的屈服,即

$$v_d = \frac{1+\mu}{3E}\sigma_s^2 \tag{2-19}$$

整理式(2-19)和式(2-18)后得畸变能密度屈服准则为

$$\sqrt{\frac{1}{2}\left[(\sigma_1-\sigma_2)^2 + (\sigma_1-\sigma_3)^2 + (\sigma_2-\sigma_3)^2\right]} = \sigma_s \tag{2-20}$$

将屈服应力除以一个安全因数得许用应力,于是按第四强度理论得到的强度条件是

$$\sqrt{\frac{1}{2}\left[(\sigma_1-\sigma_2)^2 + (\sigma_1-\sigma_3)^2 + (\sigma_2-\sigma_3)^2\right]} \leqslant [\sigma] \tag{2-21}$$

几种塑性材料钢、铜、铝的薄管试验资料表明,畸变能密度屈服准则与试验资料相当吻合,比第三强度理论更为符合试验结果。

把四个强度理论的强度条件写成以下统一形式:

$$\sigma_r \leqslant [\sigma] \tag{2-22}$$

其中,σ_r 称为相当应力。它由三个主应力按一定形式组合而成。按照第一强度理论到第四强度理论的顺序,相关应力分别为

$$\begin{cases} \sigma_{r1} = \sigma_1 \\ \sigma_{r2} = \sigma_1 - \mu(\sigma_2 + \sigma_3) \\ \sigma_{r3} = \sigma_1 - \sigma_3 \\ \sigma_{r4} = \sqrt{\frac{1}{2}\left[(\sigma_1-\sigma_2)^2 + (\sigma_1-\sigma_3)^2 + (\sigma_2-\sigma_3)^2\right]} \end{cases} \tag{2-23}$$

铸铁、石料、混凝土、玻璃等脆性材料,通常以断裂的形式失效,宜采用第一和第二强度理论;碳钢、铜、铝等塑性材料,通常以屈服的形式失效,宜采用第三和第四强度理论。无论是塑性或脆性材料,在三向拉应力相近的情况下,都以断裂的形式失效,宜采用最大拉应力理论;在三向压应力相近的情况下,都可引起塑性变形,宜采用第三或第四强度理论。

第3章 压水堆燃料组件结构设计

对压水堆燃料组件设计而言,其设计依据主要有以下三个方面:

(1)业主或政府部门提出建设压水堆核电厂的要求或任务书,明确电厂的电功率、燃料组件平均卸料燃耗、换料周期、电厂可利用率、电厂运行模式和安全目标等与燃料组件设计有关的要求。

(2)设计单位根据业主或政府部门要求,初步制定与燃料组件设计有关的要求,如明确燃料组件类型、燃料管理方案、堆芯出入口温度和压力、燃料元件线功率密度等。

(3)现行法规标准中有关燃料元件和燃料组件设计的规定。

此外,国内外设计和使用的经验和科研成果也可作为设计依据,但是一般情况下尽可能采用具备成熟商用经验的结构形式和材料。明确了设计依据以后,便可进行压水堆燃料组件设计。

3.1 燃料棒的设计

燃料元件是反应堆中使用核燃料的最基本的独立单元部件,所以燃料组件的设计都是从燃料元件开始的。压水堆燃料组件的设计则是从燃料棒的设计开始的,燃料棒最基本的组成部件则是燃料芯块和燃料包壳。

3.1.1 芯块材料的选择

压水堆核电站的燃料通常选用陶瓷 UO_2 芯块作为核燃料。这是因为陶瓷 UO_2 芯块具有以下优点:

(1)有较高的熔点(未辐照 UO_2 陶瓷芯块的熔点为 2 850 ℃,燃耗每增加 10 000 MW·d/tU,熔点下降 32 ℃);

(2)具有良好的高温稳定性和辐照稳定性;

(3)具有良好的化学稳定性,与水和包壳材料有良好的相容性;

(4)在 1 000 ℃以下能够包容大多数裂变气体;

(5)有适中的裂变原子密度,非裂变元素氧的热中子俘获截面很低;

(6)可以达到高燃耗,目前已应用到峰值燃耗 60 000 MW·d/tU,堆内辐照已达到 80 000 MW·d/tU,正在研究 100 000~1 200 000 MW·d/tU 的芯块;

(7)制造工艺相对简单和经济。

陶瓷 UO_2 芯块也有不足,表现在以下方面:

(1)热导率低,使芯块中心温度高、温度梯度大;

（2）机械强度低，在辐照条件下容易开裂，加工成型较为困难。

UO$_2$陶瓷芯块在轻水堆上取得了成功的经验并得到广泛应用，这些不足已经在燃料的设计和验证中加以克服。

3.1.2 包壳材料的选择

燃料包壳是反应堆安全的第一道屏障，能包容裂变产物，阻止裂变产物外泄，避免燃料与冷却剂发生反应；给芯块提供足够的强度和刚度以保持燃料棒几何形状。包壳工作环境为高温、高压（对压水堆而言平均温度是370 ℃左右，压力为15.5 MPa），其应力一方面来自外部冷却剂的压力及功率改变产生的热应力，另一方面来自内部的燃料肿胀、裂变气体释放等不断增加的内部压力，还有芯块与包壳相互作用产生的机械应力等。因此，对包壳材料的要求也非常高，能够满足包壳设计要求的材料必须具备下列条件：

（1）具有小的中子吸收截面；

（2）具有良好的抗辐照损伤能力，并且在快中子辐照下不产生强的长寿命核素；

（3）具有良好的抗腐蚀性能，与燃料及冷却剂相容性好；

（4）具有良好的强度、塑性及蠕变性能；

（5）具有良好的导热性能及低的线膨胀系数；

（6）易于加工，焊接性能好；

（7）材料容易获得，成本低。

符合上述条件的最佳材料是金属锆，商用动力堆无论是压水堆、沸水堆还是重水堆都用锆合金作为燃料包壳。较为常用的锆合金见表3-1。

表3-1　不同国家锆合金及其掺杂元素含量（质量分数）

国家	美国		法国	俄罗斯
锆合金名称	锆-4	ZIRLO	M5	E625
Sn/%	1.23~1.35	1.0		1.0
Nb/%	1.0	1.0	1.0	
Fe/%	0.19~0.24	0.1		0.35
O/%	0.102~0.149		0.125	
Cr/%	0.10~0.12			

3.1.3 芯块直径的设计

压水堆燃料组件中燃料棒的排列形状是规则的，如AFA系列燃料组件燃料棒是正方形排列，VVER型燃料组件燃料棒的排列为三角形。每根燃料棒占据的一个平均的体积位置称为栅格或栅元。如图3-1所示的正方形栅元，燃料棒的半径为R，燃料棒中心距离或者栅格的边长称为栅距P，热工分析中称为子通道。这样，具有堆芯平均富集度的燃料栅元基本代表了堆芯中核燃料和水的比例。压水堆堆芯设计是从堆芯物理设计开始的，而物理设计的开始则与栅元的物理设计密不可分。

裂变产生的中子是高能中子,通常叫作快中子,需要水进行慢化成能量较低的中子,常叫作热中子,以维持链式反应。轻水堆主要依靠热中子维持堆芯的链式裂变反应。根据压水堆设计任务书中规定的压水堆核电厂电功率,由电厂效率可以确定压水堆堆芯的热功率,这些热能来源于核裂变,从而估算出堆芯中裂变材料(^{235}U 或 $^{235}U + ^{239}Pu$)总的装载量,再根据总的装载量确定堆芯所需核燃料的平均富集度。

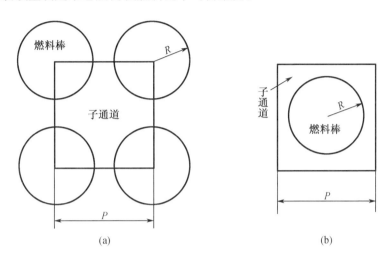

图 3 - 1　压水堆燃料组件正方形栅元(或子通道)

在选择压水堆堆芯冷却剂的压力后,就确定了堆芯冷却剂的进出口温差,从而确定了堆芯冷却剂的平均温度。压水堆中的冷却剂和慢化剂都是水。在一定水温下,水的慢化能力或慢化效率是一定的,这样栅元中水的比例过高,则产生的热中子过多而不经济,而且影响到整个堆芯的体积发热率;水的比例过低,则慢化能力减弱,热中子数目不够则达不到维持链式反应的要求。所以,通过对栅元(均匀裸堆)的物理计算,在保证堆芯物理安全的条件下(慢化剂温度系数等),确定水和核燃料 ^{235}U 的最佳比例。

压水堆燃料使用的是稍加浓 UO_2 或 MOX 燃料,^{235}U 或 $^{235}U + ^{239}Pu$ 的初始含量低于5%。栅元物理设计得出核燃料和水的最佳比例后,再根据上述燃料平均富集度确定 UO_2 燃料芯块体积,进而可确定燃料芯块的直径。

也可以选用已经定型的燃料棒产品进行栅元的物理设计,这样就使得整个堆芯物理设计变得简化。例如,要设计一个百万千瓦级的压水堆堆芯,在确定选用 AFA3G 组件中的燃料棒(除富集度和轴向尺寸外,其余径向几何尺寸均已确定)的前提下,通过调整栅距找出核燃料和水的最佳比例,进而确定燃料组件的栅距,再根据这个栅距去设计满足堆芯设计要求的燃料组件。

3.1.4　燃料棒芯块堆积高度

压水堆堆芯是圆柱形的,堆芯径向呈对称分布,使得堆芯燃料管理策略较为简化(堆芯物理设计或燃料管理设计时只需取 1/8 堆芯)。确定了堆芯燃料平均富集度和栅距后,如果以同一富集度燃料对堆芯进行装料,就是所谓的均匀裸堆的设计。

有限圆柱均匀裸堆的中子注量率的分布如图 3 - 2 所示,其径向呈零阶贝塞尔函数分布,轴向呈截余弦分布。这样,堆芯任意位置(r,z)的燃料元件的体积发热率可表示为

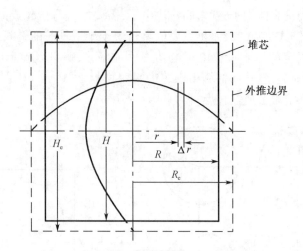

图 3 - 2　有限圆柱均匀裸堆堆芯中子注量率分布

$$q_{\mathrm{v,c}}(r,z) = q_{\mathrm{v,c}}(0,0) J_0\left(\frac{2.405r}{R_{\mathrm{e}}}\right)\cos\left(\frac{\pi}{H_{\mathrm{e}}}\right) \tag{3 - 1}$$

式中　$q_{\mathrm{v,c}}(r,z)$——(r,z)位置处的体积释热率,$\mathrm{W/m^3}$;

　　　$q_{\mathrm{v,c}}(0,0)$——堆芯中心点的体积释热率,$\mathrm{W/m^3}$;

　　　R_{e}——堆芯外推半径,m;

　　　H_{e}——堆芯外推高度,m;

　　　r,z——圆柱坐标系中的径向和轴向坐标。

由式(3 - 1)可得出,圆柱形均匀裸堆的径向不均匀因子为 2.317,轴向不均匀因子为 1.57,所以堆芯最大的不均匀因子为两者的乘积 3.638,这样堆芯燃料元件的最高线功率是平均线功率的 3.638 倍,最高线功率的燃料棒(也称为热棒)在堆芯中心位置。

均匀裸堆物理设计结果表明,达到临界而最节省燃料的堆芯直径 D 与堆芯高度 H 的比值为 1.083,这样初步设计出堆芯燃料棒的平均线功率,保证燃料棒的最高线功率处的燃料最高温度不得超过燃料的熔点,还要保证最高功率燃料棒的最小烧毁比低于安全准则的要求。这样经过反复的设计,确定燃料棒的平均线功率,从而确定堆芯活性区的直径和高度。

燃料元件中燃料芯块的堆积高度就是堆芯活性区的高度。

3.1.5　包壳管直径

在进行栅元物理设计时,根据经验已经给出了一个包壳管的直径和一个间隙的宽度,只是这个直径随燃料芯块设计直径的改变而改变。在计算栅元中水和燃料的比例时已经考虑到包壳管和间隙所占据的水的部分体积。芯块直径确定后,包壳管的直径基本确定了,在后续燃料的元件设计中,会对包壳管壁厚和间隙宽度进行调整(如增大或减小间隙宽度、增大或减小包壳管壁厚度),调整后的尺寸反馈给物理设计进行新的栅元物理计算,最终得出包壳管的设计直径。

包壳管的外径 D 还必须满足热负荷条件。堆芯中的包壳管的最大热负荷 $\phi_{\max}$ 与最高线功率密度 $q_{\max}$ 之间有如下关系:

$$\phi_{\max} = \frac{q_{\max}}{\pi D} = \frac{4}{D}\int_{T_{\mathrm{s}}}^{T_{\mathrm{c}}} k\mathrm{d}T \tag{3 - 2}$$

该热负荷与临界热负荷(CHF)之间必须留有裕度。

在压水反应堆中,虽允许最高温度的管道产生局部沸腾,但是本质上基本是完全不沸腾的过冷水在传热系统中运行。有一个传热极限称为偏离泡核沸腾(DNB)。在压水堆中定义了偏离泡核沸腾比(DNBR)和最小偏离泡核沸腾比(MDNBR),在超功率(112%功率)下运行时,最小偏离泡核沸腾比设计值在1.3以上。

3.1.6　包壳管壁厚

包壳管壁厚直接影响到包壳管的强度,即设计所确定的包壳管壁厚度,必须满足整个寿期内燃料元件设计准则的要求。需要综合分析包壳管的内外压力、包壳与燃料芯块接触压力、包壳管内温度梯度引起的热应力、燃料棒内压和外压产生的应力,以及燃料棒轴向温度梯度产生的应力等,使其在整个设计寿期内的体积平均当量应力不高于考虑了温度和中子辐照影响的包壳材料屈服强度。同时考虑包壳壁厚减少10%仍能满足强度要求,而且拉伸应变也不得超过1%。实际设计过程中通常用燃料元件性能分析程序来完成设计计算工作。

包壳受燃料棒内压和外压引起的应力以及内外表面的温差引起的热应力,压应力随包壳厚度增加而下降,热应力随包壳厚度增加而上升,必然存在一个包壳管的最佳厚度。

薄壁包壳管周向应力为

$$(\sigma_\theta)_{pr} = \frac{P_p D_t}{2t} \tag{3-3}$$

周向热应力为

$$(\sigma_\theta)_{th} = \frac{E\alpha}{(1-v)\lambda} \frac{q_1}{2\pi} \left(\frac{t}{D_t}\right) \tag{3-4}$$

式中　$(\sigma_\theta)_{pr}$——内压引起的周向应力;

P_p——包壳内压(气腔压力);

D_t——包壳内径;

t——包壳厚度;

$(\sigma_\theta)_{th}$——温差引起的周向热应力的最大值;

E——包壳材料的弹性模量;

α——包壳材料的热膨胀率;

v——包壳材料的泊松比;

λ——包壳材料的导热率;

q_1——燃料棒的线功率。

包壳内表面的总应力$(\sigma_\theta)_T$应是式(3-3)和式(3-4)之和,即

$$(\sigma_\theta)_T = \frac{P_p D_t}{2t} + \frac{E\alpha}{(1-v)\lambda} \frac{q_1}{2\pi} \left(\frac{t}{D_t}\right) \tag{3-5}$$

所以得

$$P_p = 2(\sigma_\theta)_T \left(\frac{t}{D_t}\right) - \frac{E\alpha}{(1-v)\lambda} \frac{q_1}{\pi} \left(\frac{t}{D_t}\right)^2 \tag{3-6}$$

通过P_p对变量(t/D_t)求导并令其方程等于零,得到最佳厚度:

$$\left(\frac{t}{D_t}\right)_{\text{opt}} = \frac{\pi \left(\sigma_\theta\right)_T}{\left[\dfrac{E\alpha}{(1-\nu)\lambda}\right]q_1} \tag{3-7}$$

$$\left(t\right)_{\text{opt}} = \frac{\pi \left(\sigma_\theta\right)_T D_t}{\left[\dfrac{E\alpha}{(1-\nu)\lambda}\right]q_1} \tag{3-8}$$

$(\sigma_\theta)_{\text{pr}}, (\sigma_\theta)_{\text{th}}$ 和 $(\sigma_\theta)_T$ 与变量 (t/D_t) 的关系如图 3-3 所示,从图上能得到包壳管的最佳厚度。

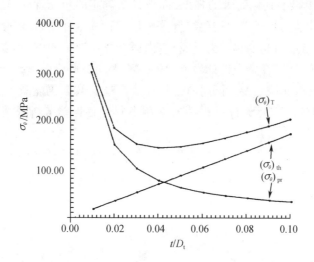

图 3-3 $(\sigma_\theta)_{\text{pr}}$、$(\sigma_\theta)_{\text{th}}$ 和 $(\sigma_\theta)_T$ 与变量 (t/D_t) 的关系

从图 3-3 可看出,当压力引起的周向应力与温差引起的周向应力相等时,得到包壳的最佳厚度(即在该厚度下包壳承受的总压力为最小值)。让式(3-3)和式(3-4)的右边相等,即

$$\frac{P_p D_t}{2t} = \frac{E\alpha}{(1-\nu)\lambda}\frac{q_1}{2\pi}\left(\frac{t}{D_t}\right) \tag{3-9}$$

$$\left(\frac{t}{D_t}\right) = \sqrt{\frac{\pi(1-\nu)\lambda}{E\alpha}\frac{P_P}{q_1}} \tag{3-10}$$

计算得到最佳厚度以后,还要考虑以下的影响因素引起的附加厚度:浸蚀、腐蚀和磨蚀、允许表面缺陷深度、加工制造公差等。最终的壁厚为设计厚度与附加厚度之和。这只是一种保守的估计方法,因为薄壁包壳管周向应力为一次应力,热应力为二次应力。

3.1.7　包壳管和燃料芯块间的间隙宽度

包壳管内壁和芯块之间留有间隙主要是为了补偿燃料芯块在辐照过程中的热膨胀和肿胀。因为锆合金和 UO_2 的热膨胀系数不同,而且 UO_2 燃料芯块工作温度又远高于锆合金包壳,所以两者热膨胀差值较大;燃料芯块因固态和气态裂变产物引起的体积肿胀率每 1% 燃耗约为 0.87%。间隙宽度直接影响燃料芯块的温度,而燃料芯块的热导率、裂变气体释放率、蠕变和塑性变形等特性,又随温度的变化而变化。因此,该间隙大小的影响涉及相当大的范围。如果间隙设计得小,则由于间隙热导率的增高,燃料芯块温度下降,裂变气体释放率也降低。不过由于燃料芯块外缘温度较低,不易产生塑性流动,致使沿半径方向增加的肿胀量调节到其他方向就相当困难,从而迫使包壳发生强制变形,产生芯块－包壳机械相互作用(PCMI),容易超出应力应变准则限值。如果间隙设计得大,则间隙热导率降低,燃料芯块温度增加,裂变气体释放率增高。而且当裂变气体混入间隙气体之后,会使间隙热导率进一步下降,趋于形成恶性循环。因此,需要进行综合分析,最终取得一个合适的间隙宽度值。

3.1.8　气腔长度

压水堆燃料棒上端留有气腔,一方面用来补偿燃料芯块柱轴向由热膨胀和辐照肿胀引起的伸长量;另一方面用来储存裂变气体,降低燃料棒内压,使燃料棒满足内压准则要求。从减少燃料棒内压的角度来看,气腔设置在燃料棒下端更有优势,但从安全的角度来看,气腔设置在下端所存在的风险要高于气腔设置在上端的风险。气腔内可容纳压紧弹簧,防止燃料芯块轴向窜动。增加储气腔的长度,有利于降低燃料棒内压,但是会增加结构材料用量,不利于节省中子。因此,燃料棒储气腔长度的设计是在满足内压准则要求的前提下,尽可能短,以减少结构材料的用量和降低燃料棒的总长度。如大亚湾核电厂燃料棒的气腔长度为 164.6 mm。

3.1.9　燃料棒预充氦气压力

燃料棒内必须预先充有一定压力的氦气。早期压水堆燃料棒在运行后出现包壳和芯块紧贴环脊结构(图 3－4),燃料棒的破损与这些结构密切相关,分析其原因就是燃料棒的初始充氦压力过低,后来压水堆燃料棒的设计提高了初始充氦的压力,充氦压力由最初几个大气压改为几十个大气压,使得芯块与包壳的接触时间延迟,接触压力有所降低,芯块包壳机械相互作用(pellet clad mechanical interaction,PCMI)效应得到明显改善。

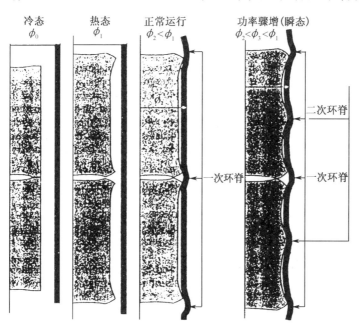

图 3－4　燃料包壳与芯块的机械相互作用

气腔长度和初始充氦压力的设计要考虑到燃料棒在整个运行寿期内裂变气体的释放,必须由燃料元件性能分析程序对燃料棒在整个寿期内的行为进行综合计算才能确定下来。有关燃料棒性能分析所涉及的热力学各种物理现象和模型将在后面的章节中加以详述。

3.2 燃料组件机械设计过程

由物理、热工、水力和热力学等方面综合设计好燃料棒特性参数后,燃料组件的设计就以机械设计为主了。压水堆燃料组件多年的设计和运行经验使得燃料组件的设计过程大大简化。如图 3 - 5 所示,压水堆燃料组件的机械设计主要分为三个阶段。

3.2.1 初步设计

燃料组件机械设计的初步设计阶段,首先根据设计依据和不同工况下所受载荷以及与堆内其他结构件的配合关系,选取结构布置方案;然后按照燃料组件具体的功能要求或设计准则,对组成燃料组件的各零部件进行结构分析,从而确定燃料组件的初步设计结构图。

3.2.2 部件和样机试验

部件和样机试验阶段实际上是扩大初步设计或技术设计阶段。该阶段的设计工作主要是在代表或严于堆内使用条件下进行堆内外试验。这些试验,或是验证初步设计用的简化分析模型,或是取得可信结果用于燃料组件的最终设计。可见该设计阶段所进行的试验项目属工程应用或验证性试验项目,不同于有失败风险的探索性基础研究试验项目。该阶段所要进行的试验,视燃料组件初步设计采用技术成熟的程度,或采用新技术的多少而有所不同。

3.2.3 最终设计即施工设计阶段

仔细分析研究前两个阶段得出的设计结果,尤其是分析研究试验和制造工艺试验中发现的问题,并提出合理的解决措施,进一步修改和完善燃料组件设计。在燃料组件整体试验的同时,制造先导燃料组件装入已商业运行的压水堆内辐照考验一个换料周期,或者制造成小组件在试验堆上进行辐照考验,以提供燃料组件辐照性能方面的数据。在完成堆内外试验基础上,对结果进一步综合分析,尤其是燃料组件在设计基准事故,即失水事故 + 地震载荷(LOCA + SSE)联合载荷作用下的动态性能最终分析,完成燃料组件的最终设计。最终设计和安全分析报告中,要求补充和完善初步设计和安全分析报告中缺少试验数据验证的部分。

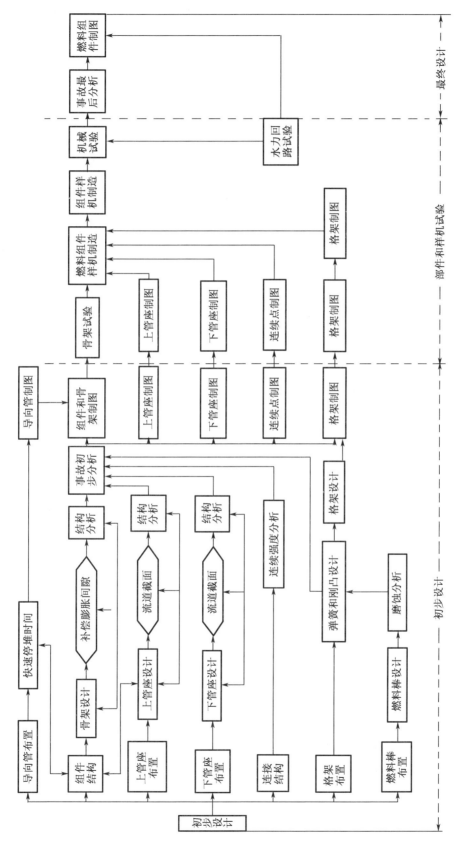

图3‑5　压水堆燃料组件机械设计过程

3.3 压水堆燃料组件结构

3.3.1 压水堆反应堆容器内部结构

为了解燃料组件在反应堆内部结构中所处的位置,简单介绍反应堆容器内部结构,其主要组成如图3-6所示。该图是压水堆反应堆容器内部结构图,是三回路1 000 MW压水堆内部结构,主要组成部分如下:

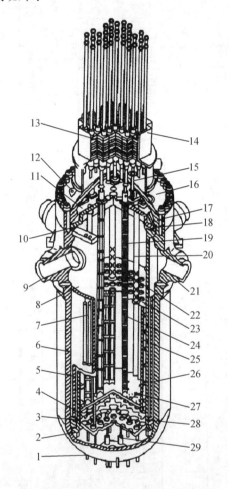

1.通量测量管;2.吊篮定位块;3.吊篮底板;4.流量分配板;5.热屏蔽;6.压力容器筒身;

7.辐照监督管;8.吊篮筒体;9.出口接管;10.压紧环;11.压紧板;12.顶盖吊耳;

13.控制棒驱动机构;14.通风罩;15.温度测量管座;16.压力容器顶盖;17.压力容器螺栓;

18.O形密封;19.导向筒;20.支承筒;21.进口接管;22.控制棒组件;23.堆芯上板;24.燃料组件;

25.围板;26.辐板;27.堆芯下板;28.支承柱;29.二次支承。

图3-6 压水堆反应堆压力容器内部结构

（1）控制棒传动机构 （control rod drive mechanism）

（2）压力壳上封头 （upper closure head assembly）

（3）冷却剂入口管 （inlet nozzle of coolant）

（4）冷却剂出口管 （outlet nozzle of coolant）

（5）燃料组件 （fuel assemblies）

（6）辐照样品导管 （irradiation specimen guide）

（7）活性区下栅板 （lower core plate）

（8）中子屏蔽垫 （neutron shield）

（9）底部仪表导管 （lower instrumentation guide tube）

（10）径向支承 （core radial support）

（11）底部支承结构 （bottom support forging）

（12）反应堆压力壳 （reactor vessel）

（13）活性区上栅板 （upper core plate）

（14）活性区吊篮 （core barrel）

（15）内部结构支承缘 （internals support ledge）

（16）热套筒 （thermal sleeve）

3.3.2 反应堆主要热工水力参数（表 3-2）

表 3-2 反应堆主要热工水力参数

名称	单位	参数
堆芯热功率（reactor core heat output）	MW	2 895
系统额定压力（system nominal pressure）	MPa	15.5
额定入口温度（coolant nominal inlet temperature）	℃	292.4
堆芯内平均冷却剂温度（coolant average temperature in core）	℃	311.1
堆芯冷却剂平均温升（coolant average rise in core）	℃	37.4
冷却剂平均流速（coolant average velocity along fuel rods）	m/s	4.6
比功率密度（specific power kW per kg uranium）	kW/kgU	39.95
平均线功率密度（average linear power）	W/cm	186
平均热流密度（average heat flux）	W/cm^2	62.4
最大热流密度（maximum heat flux）	W/cm^2	140.4
活性区当量直径（core equivalent diameter）	cm	304
活性区高度（冷态）（core height）（cold dimensions）	cm	366
正常工况下峰值线功率（peak linear power for normal operation）	W/cm	418.5

表 3 -2(续)

	单位	参数
超功率 118% 工况下线功率密度 （peak linear power for over power of 118%）	W/cm	590.0
正常工况下包壳最高温度 （maximum cladding surface temperature at nominal conditions）	℃	350
正常工况下最小烧毁比 （minimum DNBR at nominal conditions）		1.95
瞬态工况下最小烧毁比 （minimum DNBR at design transient conditions）		1.35
装料方式（loading technique）		三区非均匀装料
燃料富集度（fuel enrichment）		
一区（region 1）	%	1.8
二区（region 2）	%	2.4
三区（region 3）	%	3.1
平衡换料（balance loading）		3.25
燃料类型（fuel type）		UO_2，寿期末 $UO_2 + PuO_2$

3.3.3 压水堆(17×17 - 25)燃料组件设计特征(表 3 - 3)

表 3 -3 压水堆(17×17 - 25)燃料组件设计特征

名称	单位	参数
横截面尺寸（cross section dimensions）	mm^2	214 × 214
燃料棒排列（fuel rod range）		17 × 17
燃料组件长度（fuel assembly length）	mm	4 058
燃料组件质量（fuel assembly mass）	kg	670
堆芯燃料棒总数（total fuel rod number in core）	根	41 448
每个组件燃料棒数（fuel rods per assembly）	根	264
每个组件铀质量（uranium mass per assembly）	kg	459
每个组件定位格架数（spacer grid number per assembly）		8
燃料棒栅距（fuel rod pitch）	mm	12.6
定位格架组成（composition of grids）		双金属 Zircaloy - 4 Inconel - 718
每个组件中导向管数（guide thimble number per assemble）		24
导向管材料（guide thimble material）		锆 - 4

3.4　(17×17)燃料组件结构设计

近代压水堆燃料组件结构(图 3 - 7、图 3 - 8)中的燃料棒以 15×15、17×17、19×19 的正方形矩阵形式排列。构成压水堆燃料组件的部件有上管座、下管座、定位格架、控制棒导向管、中子测量管和燃料棒。下面以压水堆 17×17 - 25 燃料组件为例,详细介绍压水堆燃料组件的结构。

3.4.1　上管座

上管座是燃料骨架的顶部结构,由框架四个侧向围板、上栅板、四个板型弹簧构成,导向管与上管座连接如图 3 - 9 所示。

上管座由下列零件组成:

(1)变形锁紧螺栓(不锈钢);

(2)上栅板(不锈钢);

(3)螺旋套管(锆合金);

(4)端部膨胀的导向管(锆合金)。

螺旋套管焊接到导向管的端部,将导向管插入上管座的孔中,再用变形螺栓拧紧,使导向管与上管座连成一个整体。

上管座主要用于燃料组件准确定位。活性区上栅板压在上管座的四个板型弹簧上,防止水流引起的振动,使燃料组件径向定位,轴向可自由膨胀。控制棒组件从燃料组件的上管座插入导向管中,控制燃料组件可在导向管内上、下自由运动。燃料组件装卸时,用专用吊装工具插入上管座,可进行装卸料操作。

3.4.2　下管座

下管座是不锈钢构件,直接分配冷却剂流量进入燃料组件,有一个下部空腔,四个支腿对角线方向孔中放置两个定位销,使燃料组件保持径向定位,燃料组件所受轴向载荷通过控制棒导向管、下管座传递到活性区下栅板上,下管座与导向管的连接如图 3 - 10 所示。下管座由下列零件组成:

(1)下栅板(不锈钢);

(2)导向管(锆合金);

(3)螺旋端塞(锆合金);

(4)变形锁紧螺栓(不锈钢)。

锆 - 4 导向管与锆 - 4 螺旋塞头用焊接连接,将导向管插入不锈钢下管座中,用变形锁紧螺栓固定,用专用工具使螺栓裙边变形,防止螺栓松动。

下管座的功能可总结如下:

(1)燃料组件在活性区中定位;

(2)传递载荷,轴向载荷和组件自重通过下管座传递到堆芯下栅板;

(3)冷却剂流量分配;

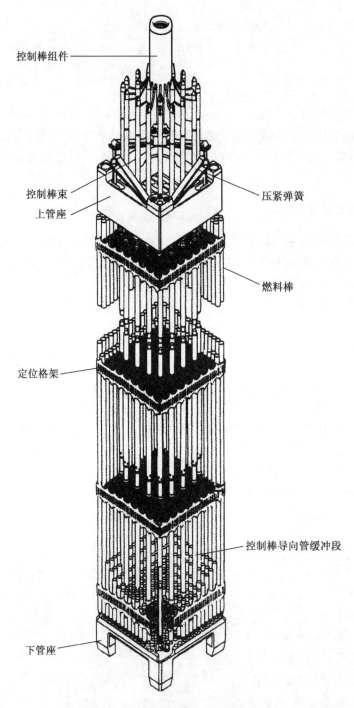

控制棒组件

控制棒束
上管座

压紧弹簧

燃料棒

定位格架

控制棒导向管缓冲段

下管座

图 3-7　压水堆燃料组件结构

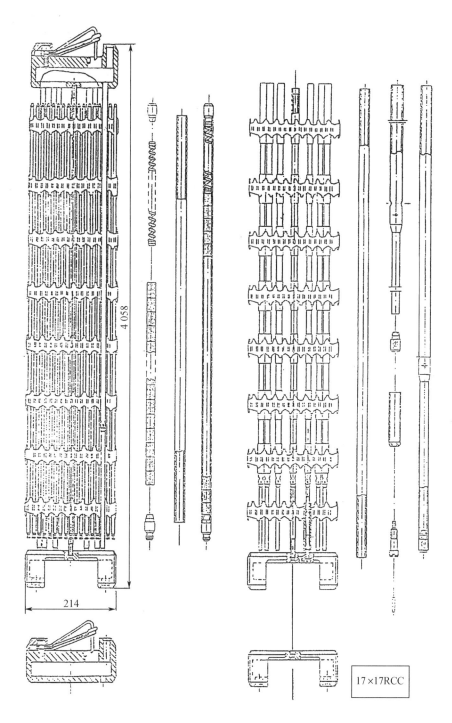

图 3 - 8　压水堆(17 × 17)燃料组件和骨架(单位:mm)

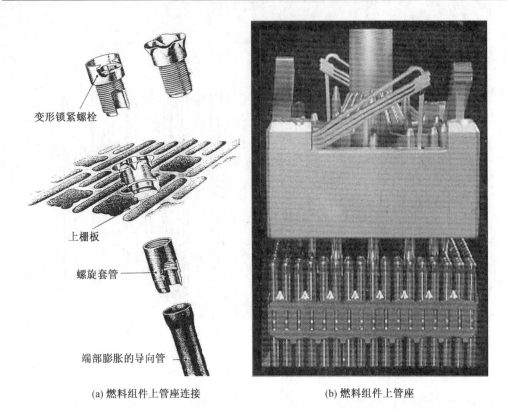

<table>
<tr><td>(a) 燃料组件上管座连接</td><td>(b) 燃料组件上管座</td></tr>
</table>

图 3 – 9　燃料组件导向管连接上管座

(4)过滤冷却剂中的碎片。

3.4.3　定位格架

近代商用压水堆燃料组件定位格架的焊接方法有钎焊、钨极氩弧焊、激光焊等。定位格架点焊成蛋篓结构。它由条带、围板弹簧组成,条带之间相互插接形成小的定位栅元,每个条带上冲击"三弯"弹簧,在弹簧对面冲出两个呈纵向布置的刚性定位点,定位格架每个栅元有两个弹性定位点、四个刚性定位点。

当燃料棒插入栅元时,弹簧片压在燃料棒表面上,其对面靠在两个刚性定位点上。合理的设计可以保证在反应堆燃料换料周期内(3 ~ 5 年),燃料轴向和径向位置不变。一个弹簧压在燃料棒表面的正压力一般是 10 ~ 20 Pa,经堆内快中子辐照可以引起80%的弹簧正压力松弛。

AFA 2G 双金属定位格架结构如图 3 – 11 所示,其主要由下列零件组成:

(1)围板;

(2)内条带;

(3)双弹簧夹;

(4)导向管;

(5)焊片;

(6)单弹簧夹;

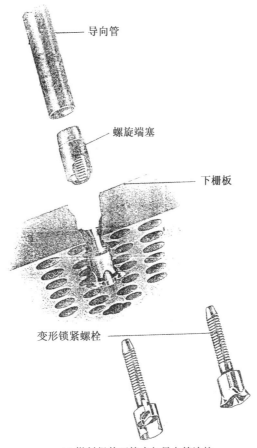

(a) 燃料组件下管座与导向管连接

(b) 燃料组件下管座结构图

图 3 – 10　燃料组件下管座结构图

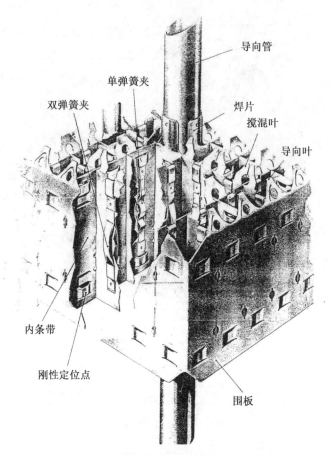

导向管

单弹簧夹

双弹簧夹

焊片

搅混叶

导向叶

内条带

刚性定位点

围板

(a) 燃料组件定位格架

(b) 燃料组件定位格架和导向管套筒

图 3 −11　定位格架

（7）搅混叶；

（8）导向叶；

（9）刚性定位点。

导向管与定位格架焊片之间的连接用点焊。单、双弹簧夹与条带之间连接也用点焊。外围板和条带上的刚性支承点由冲压成型方法制成。条带与外围板之间连接用激光焊接，条带和外围板上的搅混叶及导向叶采用冲压成型方法制成。定位格架栅元内受力及弹簧特性曲线如图 3 - 12 所示。在定位格架的每个栅元中，作用在燃料棒表面上的力为两个弹簧点和四个刚性点的压力，定位格架夹持力（4 个方向）为

$$F = 4PfN \tag{3 - 11}$$

式中　F——定位格架对燃料棒的夹持力，也称抽拔力；

　　　　P——定位格架弹簧对燃料棒表面的正压力；

　　　　f——燃料棒表面与定位格架之间的摩擦系数，典型 Inconel - 718 与锆 - 4 间的摩擦系数在 0.3 ~ 0.4 之间；

　　　　N——沿燃料棒轴向布置的定位格架层数。

定位格架设计时，正确选择弹簧刚度非常重要，依据设计准则的要求，弹簧刚度大小直接决定了弹簧正压力，即

$$P = KD \tag{3 - 12}$$

式中　K——弹簧刚度，kg/mm；

　　　　D——弹簧位移量，mm。

正压力太大，在插棒时会导致表面划伤；正压力过小会引起磨蚀。根据弹簧特性曲线，弹簧的位移量为 0.4 ~ 0.8 mm。

目前，世界各国压水堆燃料组件通常采用下列三种定位格架：

（1）因科镍格架。弹簧、条带、围板均为因科镍 718（Inconel - 718），秦山一期 15×15 燃料组件采用了这种设计。

（2）锆、因科镍双金属格架。弹簧为因科镍 718，围板、条带为锆 - 4，采用锆、因科镍双金属格架，目前大亚湾核电站厂、秦山二期核电厂等的燃料组件采用了这种设计。

（3）全锆格架。弹簧、条带、围板均采用锆合金，这是当前最先进的格架设计，可以减少活性区内中子有害吸收。采用锆格架的燃料组件有美国西屋公司的 Robust 组件（弹簧、条带和围板均为 Zirlo）、法马通公司的 Alliance 组件（弹簧、条带和围板均为 M5 合金）。

3.4.4　燃料组件骨架

燃料组件的上管座、下管座，8 层定位格架和导向管组装完成后，形成一个整体刚性骨架（图 3 - 8），骨架的作用如下：

（1）支承燃料组件、控制棒组件、可燃毒物组件和阻流塞组件；

（2）传递作用在燃料组件上的各种载荷至活性区上、下栅格板上；

（3）形成冷却剂通道，按要求保证冷却剂以一定的流速冷却燃料棒，带走核发热；

（4）用专门的装卸料工具完成装卸料操作。

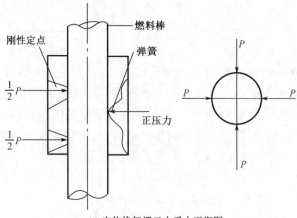

(a) 定位格架栅元内受力平衡图

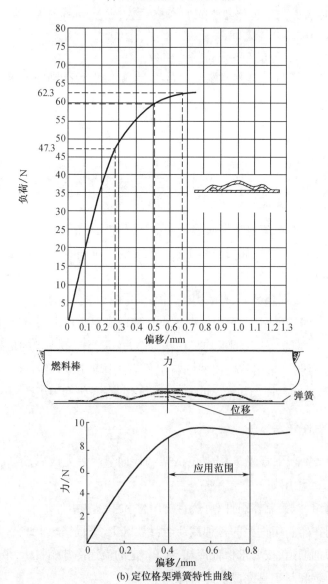

(b) 定位格架弹簧特性曲线

图 3-12　定位格架栅元内受力及弹簧特性曲线

3.4.5　燃料棒结构设计

冷压、烧结而成形的 UO_2 芯块装在冷加工消除应力退火的锆合金管内。燃料棒顶端留有储存裂变气体的空腔,内有一个不锈钢的压紧弹簧。在燃料棒上下两端各有一个 Al_2O_3 的绝热块,防止轴向传热和改善端塞的工作条件。燃料棒两端为锆合金端塞,用氩弧焊或电子束焊,上端塞上有一个小孔,充氦气后焊死。

图 3-13 为(17×17)燃料组件中燃料棒的典型结构,图 3-14 为(17×17)燃料组件中 UO_2 芯块结构图。图 3-15 和图 3-16 分别给出(15×15)燃料组件中燃料棒的典型结构及 UO_2 芯块结构图。

(17×17)燃料组件中燃料棒的设计参数见表 3-4。

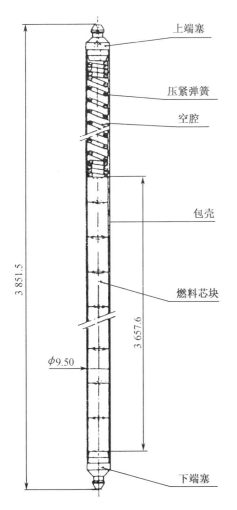

图 3-13　(17×17)燃料组件中燃料棒的典型结构(单位:mm)

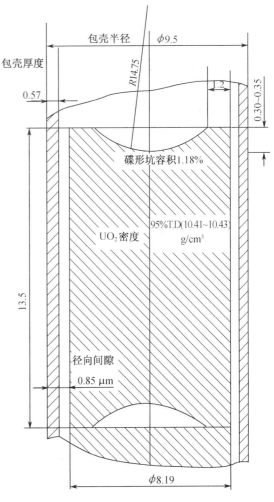

图 3-14　(17×17)燃料组件中 UO_2 芯块结构(单位:mm)

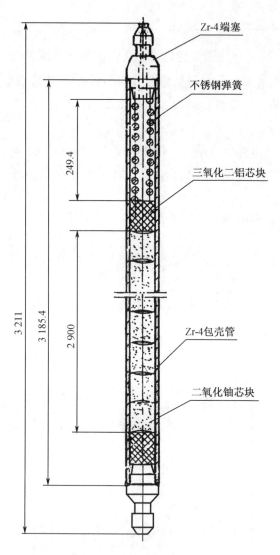

图 3–15 （15×15）燃料组件中
燃料棒典型结构（单位:mm）

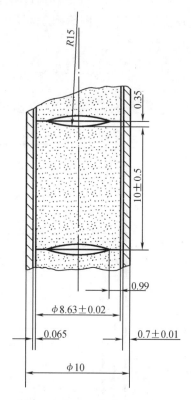

图 3–16 （15×15）燃料组件中
UO₂ 芯块结构（单位:mm）

表 3 - 4　(17×17)燃料组件中燃料棒的设计参数

名称	单位	参数
燃料棒长度(fuel rod length)	mm	3 852
包壳材料(cladding material)		消除应力锆 - 4
燃料棒外径(fuel rod diameter)	mm	9.5
包壳厚度(cladding thickness)	mm	0.57
填充气体(filling gas)		He
填充气体压力(filling gas pressure)	bar	30.6
空腔高度(gas plenum height)	mm	158
芯块材料(pellet material)		UO_2
芯块直径(pellet diameter)	mm	8.19
芯块高度(pellet height)	mm	13.5
芯块密度(pellet density)	g/cm³	$10.40 \sim 10.43(95\% T \cdot D)$
直径间隙(diametrical gap)	μm	170
开口孔(open porosity)	%	<2%
碟形体积(dished volume)	mm³	1.18
碟形深度(dished height)	mm	0.30 ~ 0.35
碟形半径(dished radius)	mm	14.75
肩宽(shoulder width)	mm	1.2
高径比(H/D)(height/diameter ratio)		1.15(一般 1.0 ~ 1.5)
UO_2 晶粒度(UO_2 grain)	μm	8 ~ 10
氧铀比(Oxygen/Uranium ratio)		2.00 ~ 2.015
芯块中当量含氢量(equivalent hydrogen quantity)	mg/kg	<10

注:1 bar = 0.1 MPa

3.5　相关组件结构

燃料组件的相关组件包括:控制棒组件、可燃毒物组件、中子源组件和阻流塞组件。

3.5.1　控制棒组件

控制棒组件(RCCA)主要用于功率调节、温度调节、补偿快速反应性变化。控制棒组件由一组中子吸收体燃料组件和一个连接柄组件组成,如 3 - 17 所示,大亚湾核电厂控制棒组件的设计如图 3 - 18 所示。控制棒分为黑棒和灰棒,黑棒 37 组(第一循环),后来的循环为41 组,吸收体材料为银 - 铟 - 镉合金(Ag80% - In15% - Cd5%),可以有效地吸收热中子和共振中子,提高控制棒的价值。银 - 铟 - 镉合金用挤压方法加工成棒状,密封在冷加工 304不锈钢管中,控制燃料组件在导向管中有足够的径向和轴向间隙,保证热膨胀和肿胀时,控制燃料组件仍然可以自由移动。吸收体棒下端塞加工成楔形,当快速停堆时,减少水力阻力进入导向管缓冲段。连接柄上端机加工一个槽,置入因科镍718弹簧,吸收控制棒组件下落时的冲击能。连接柄材料为630不锈钢,下部有一个中心柄,焊接多个指形支架,指形支架材料为304不锈钢,支承控制棒悬吊在指形支架上。连接柄与控制棒驱动机构用螺纹连接,然后用销钉焊死防止松动。控制棒组件全程移动时,控制棒略长、略细,这样控制棒始终保持在导向管中自由滑动。此外还有12组灰棒,每组8根,材料为304不锈钢,吸收能力较弱。

图3-17　控制棒组件外形

控制棒组件在燃料组件内布置如图3-19所示。24根控制棒均匀地分布在燃料组件导向管中并由冷却剂冷却。没有放入控制棒组件的燃料组件放阻流塞节流。

控制棒组件的设计寿命为15年,银-因科镍-镉合金密度为10.17 g/cm³,熔点为800 ℃,辐照肿胀率为

$$\frac{\Delta V}{V} = 0.06 \frac{\Phi}{10^{21}} \tag{3-13}$$

式中　$\dfrac{\Delta V}{V}$——体积肿胀率,%;

　　　Φ——中子注量($E_n > 0.6$ eV)。

3.5.2　可燃毒物棒组件

根据中子物理考虑,有选择地应用可燃毒物棒,插入燃料组件控制棒导向管中。堆芯中有68组可燃毒物棒,共计768根。其主要功能包括初始反应性控制、堆芯功率分布展平,其主要设计参数见表3-5。

表3-5　可燃毒物棒组件的设计参数

名称	单位	参数
中子吸收体材料		硼硅玻璃管
包壳材料		304 不锈钢
吸收体材料主成分(质量分数)	%	$SiO_2$80.5%,$B_2O_3$12.5%,Na_2O4%,$Al_2O_3$2.0%
吸收体密度	g/cm³	2.17,2.22
软化温度	℃	810
包壳外径	mm	9.7
包壳厚度	mm	0.47
硼硅玻璃管外径	mm	8.53
硼硅玻璃管内径	mm	4.83
定位管外径	mm	4.75
定位管内径	mm	4.42

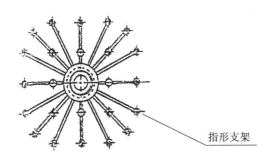

指形支架

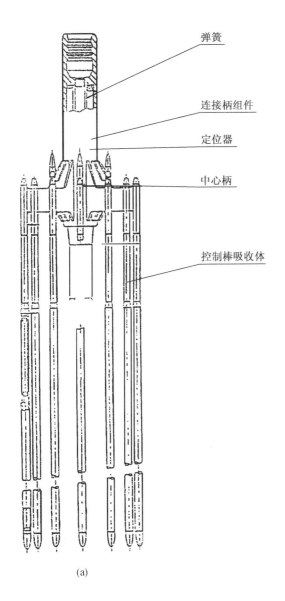

弹簧

连接柄组件

定位器

中心柄

控制棒吸收体

(a)

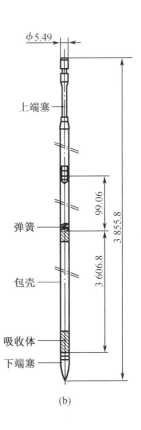

$\phi 5.49$

上端塞

弹簧

包壳

吸收体

下端塞

99.06

3 606.8

3 855.8

(b)

图 3 - 18　控制棒组件和控制棒示意图

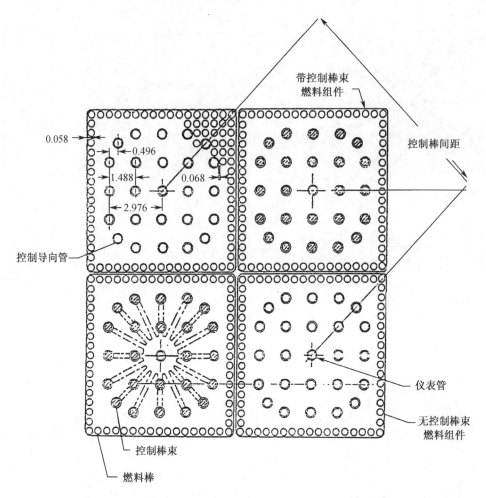

图 3 – 19 燃料组件中的控制棒组件横截面布置图(单位:英寸)

可燃毒物棒结构如图 3 – 20 所示,有一个外径为 9.7 mm,壁厚为 0.47 mm,材料为 304 不锈钢的包壳管,不锈钢上端塞和下端塞与包壳管焊接。可燃毒物管中插一根不锈钢的定位管,在硼硅玻璃管发生破碎的情况下,使之仍然能保持在原来的位置上。可燃毒物组件的结构如图 3 – 21 所示。每个燃料组件中的毒物棒的上端连到压紧组件定位孔板上,而且与燃料组件上管座相匹配,放在上栅板上。定位板孔板和毒物棒被压紧,固定在一个丁字形板上,弹簧组件限制轴向移动,当反应堆上部构件放入堆中时,活性区上栅板压在弹簧组件上。这样布置可以确保毒物棒在冷却剂向上流动时不被弹出。每根毒物棒用螺母与基板连接而且焊死,防止脱落。

压水堆燃料组件最新设计广泛采用 Gd_2O_3 作为可燃毒物,也称钆燃料,特别在高燃耗情况下采用 Gd_2O_3,有如下特点:

(1)工艺制造简单,Gd_2O_3 粉末与 UO_2 粉末混合、压块、烧结等工艺过程与 UO_2 芯块工艺相同。

(2)采用($Gd_2O_3 + UO_2$)作可燃毒物,可延长循环周期(18 个月或 24 个月的循环周期)。钆的同位素[155]Gd、[157]Gd 具有较高的热中子吸收截面。[155]Gd、[157]Gd 耗尽后,含钆燃料棒

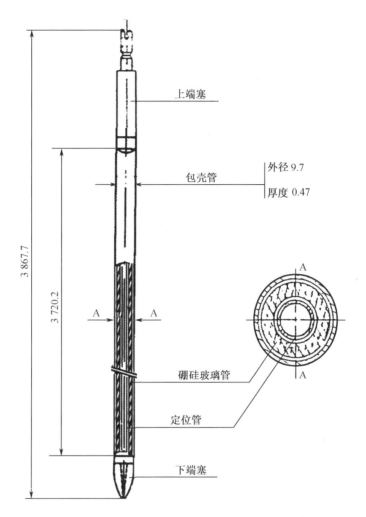

图 3－20 可燃毒物棒和可燃毒物组件结构(单位:mm)

功率核发热逐渐升高。若^{235}U 富集度相同,含钆燃料棒在耗尽 Gd 后功率要超过普通 UO_2 燃料棒的功率。为防止含钆燃料棒超功率,一般选择^{235}U 富集度较低的 UO_2 制造含钆燃料棒。

(3)含钆燃料棒在燃料组中不占据导向管的位置而是占据燃料棒的位置,所以其结构与燃料棒相同。

(4)含钆燃料棒,由于钆加入 UO_2 中,使 UO_2 的热导率降低,芯块温度升高,对裂变气体释放有影响,所以对含钆燃料棒的性能要仔细评价。

我国已在大亚湾、岭澳等核电厂采用含钆燃料棒(含钆 8%)作可燃毒物棒,核电厂实现 18 个月换料周期,平均批卸料燃耗达 45 000 MW · d/tU,燃料棒最高燃耗达 62 000 MW · d/tU。

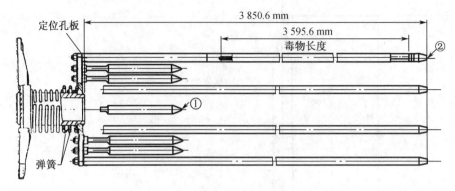

1—阻流塞(不锈钢棒);2—可燃毒物棒

3－21　可燃毒物组件结构图

3.5.3　中子源组件

反应堆初始启动和反应堆长期停堆以后,堆芯中子注量率很低,堆芯仪表无法测量到中子注量数。如果达到物理临界,反应堆功率和功率变化,仪表仍无指示,这是不允许的。所以,在堆芯中安装了中子源组件,保证反应堆在安全监督条件下启动。中子源组件有两种,即初级中子源和二次中子源组件。两种类型的中子源组件与可燃毒物组件结构相类似,只是一些可燃毒物棒用中子源棒代替。

初级中子源(一次中子源)组件的功能是为首次装料堆芯提供足够的中子注量率水平,保证反应堆在安全条件下启动。

初级中子源有两种:钚－铍源和锎源。钚－铍源的反应原理为

$$^{238}_{94}\text{Pu} \xrightarrow{\alpha} {}^{234}_{92}\text{U}; \alpha + {}^{9}_{4}\text{Be} \longrightarrow {}^{12}_{6}\text{C} + {}^{1}_{0}\text{n}$$

在锎源中,^{252}Cf 有 α 衰变96.9%,$T_{1/2} = 2.71$ a,自发裂变3.1%,$T_{1/2} = 85.5$ a,每次自发裂变放出的平均中子数 $\bar{\nu} = 3.76$ 个,平均中子能量 $E_n = 2.34$ MeV,α 粒子平均能量 $E_\alpha = 6.12$ MeV。锎源的产额 2.32×10^{12} s^{-1}。锎源有双层包壳,内包壳为铂90% – 铑10% 合金,外层用不锈钢或锆。锎源以 Cf_2O_3 形式放入 304 不锈钢管中(直径 9.65 mm,长度 3 820 mm,两端焊端塞密封)组成一次中子源棒。用螺母将中子源棒固定在压紧弹簧组件的基板上。初级中子源组件也可以放在燃料组件上管座上,初级中子源棒插入燃料组件导向管中。初级中子源组件结构如图 3－22 所示。

二次中子源(次级中子源)组件用于除首次循环以外的其他循环堆的再启动和启动过程中的安全监督。

二次中子源通常选择锑－铍,在堆中受中子照射后激活,产生光激中子,$E_n = 24$ keV 单能中子,源强度为 $10^6 \sim 10^7$ s^{-1},其反应原理如下:

$$^{123}_{51}\text{Sb} + {}^{1}_{0}\text{n} \longrightarrow {}^{124}_{51}\text{Sb} \xrightarrow{\beta \cdot \gamma} {}^{124}_{52}\text{Te}(碲 – \text{Tellurium}) + \gamma(E_r = 1.691 \text{ MeV})$$

$$^{9}_{4}\text{Be} + \gamma \longrightarrow {}^{8}_{4}\text{Be} + {}^{1}_{0}\text{n}(中子)(E_n = 24 \text{ keV})$$

二次中子源中的锑和铍各占体积的 50%。锑和铍压制成具有一定强度的芯块,最小密度为 3.50 g/cm^3,然后装在 304 不锈钢包壳中,上有压紧弹簧,两端有端塞焊接。二次中子

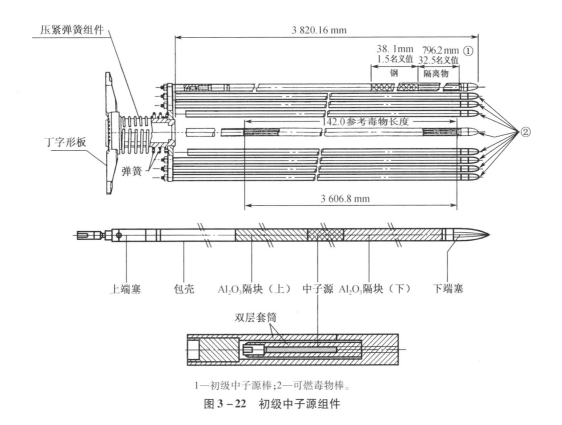

1—初级中子源棒；2—可燃毒物棒。

图 3-22　初级中子源组件

源棒的长度为 2 159 mm，用螺母固定在压紧弹簧的基板上。二次中子源组件也可放在燃料组件上管座上，二次源棒插入导向管中。二次中子源组件结构如图 3-23 所示。

　　典型的压水堆堆芯装四个中子源组件，包括两个初级源组件和两个次级源组件，每个初级源组件包括一根初级中子源棒和若干根可燃毒物棒及阻流塞棒。每个次级源组件包括四根对称布置的次级中子源棒和若干个可燃毒物棒及阻流塞棒。中子源组件插在堆芯直径方向，靠近中子测量仪表的燃料组件控制棒导向管中。

3.5.4　阻流塞组件

　　在燃料组件控制棒导向管中，未装控制棒组件，中子源组件和可燃毒物组件装入阻力塞组件，阻流塞组件包括一个压紧弹簧组件和一个带孔的定位板，阻流塞棒由 304 不锈钢加工成约 161.5 mm 的短棒，悬吊在定位板上。当阻流塞组件插入燃料组件的控制棒导向管后，减少了旁通流动面积，增加了流动阻力，通过导向管内冷却剂流量减少。堆芯上部结构装入反应堆后，堆芯上栅板压在丁字形钢支架上，通过弹簧组件将阻流塞组件压紧，不能上下窜动。阻流塞组件的结构如图 3-24 所示。

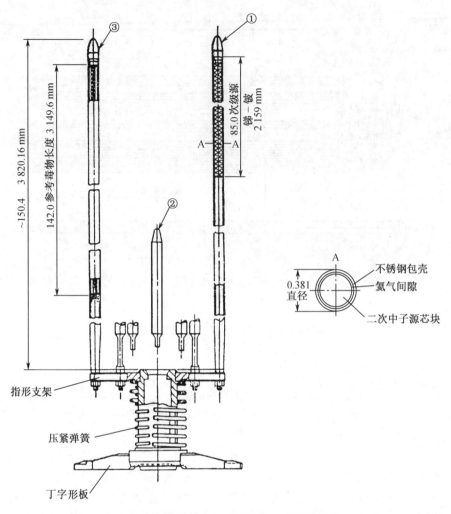

1—二次中子源棒;2—阻力塞棒;3—可燃毒物棒。

图 3-23 二次中子源组件

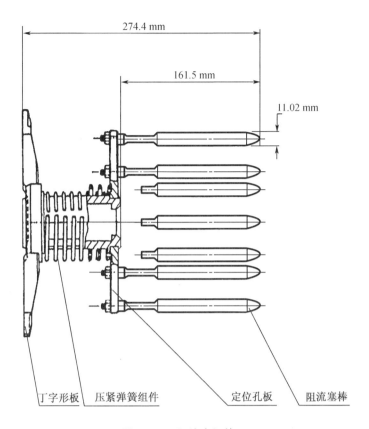

图 3 - 24　阻流塞组件

第4章 压水堆燃料组件制造工艺简介

4.1 UO$_2$ 粉末制造工艺

核燃料化工转换是将来自铀浓缩厂六氟化铀通过化工转换方式加工成核燃料 UO$_2$ 粉末,这类转换通常有三种工艺方法,即 ADU 法、AUC 法和 IDR 法:

(1)ADU 法是湿法,其流程长,废液多,粉末流动性差,成品率低;

(2)AUC 法也是湿法,其流程较长,废液较多,粉末流动性好;

(3)IDR 法是全干法,其流程短,所需设备少,废液少,粉末流动性较差,是当今世界比较先进的铀转换方法。

4.1.1 重铀酸铵(ADU)法(图4-1)

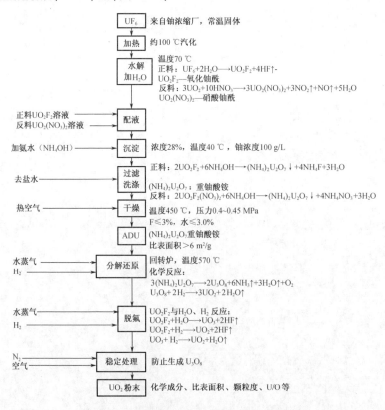

图4-1 ADU 法生产 UO$_2$ 粉末工艺流程

4.1.2　三碳酸铀酰铵/三气沉淀(AUC)法(图 4 - 2)

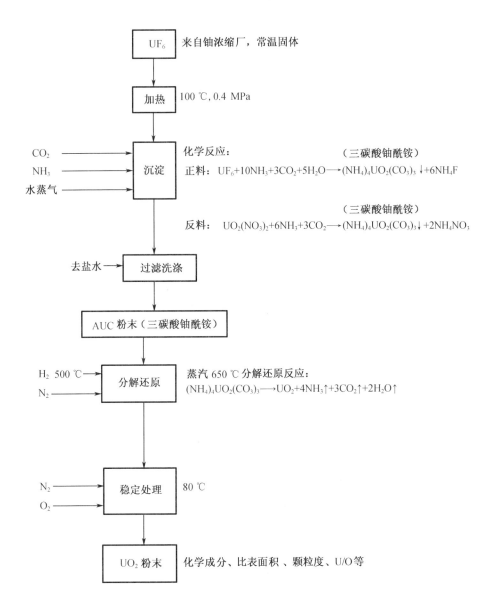

图 4 - 2　AUC 法生产 UO₂ 粉末工艺流程

4.1.3　IDR 法(一步法)(图 4 – 3)

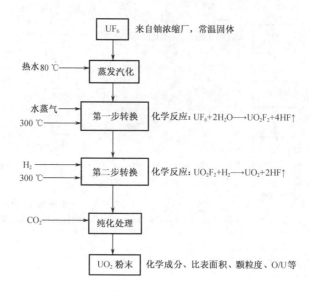

图 4 – 3　**IDR 法生产 UO$_2$ 粉末工艺流程**

4.1.4　化工转换铀设备介绍

核极纯 UF$_6$ 原料在化工转化车间经加热汽化、水解、沉淀、干燥、还原,制备出高活性、可烧结的 UO$_2$ 粉末,设备具体如图 4 – 4、图 4 – 5 所示。

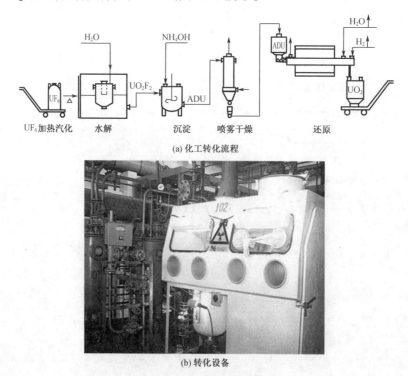

(a) 化工转化流程

(b) 转化设备

图 4 – 4　**化工转化流程及设备**

(a)ADU 沉淀

(b) 喷雾干燥

(c) 还原

图 4-5　ADU 沉淀、喷雾干燥和还原设备

4.1.5 UO₂ 芯块生产工艺(图4-6)

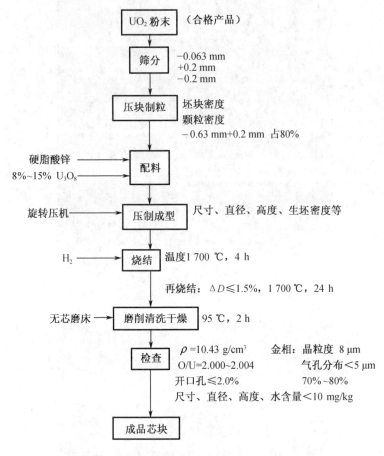

图 4-6 UO₂ 芯块生产工艺流程

4.1.6 芯块制造设备

芯块制造:UO₂ 粉末在芯块制造车间合批均匀化、预压制粒、压制成型、烧结、磨削,制备出 UO₂ 芯块,芯块制造工艺流程及设备如图4-7和图4-8所示。

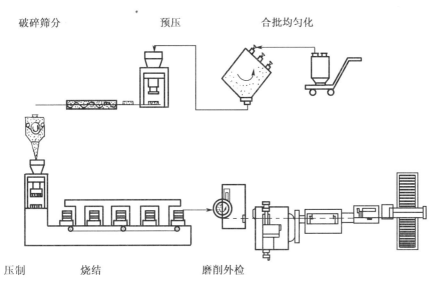

破碎筛分　　　　　　　　预压　　　　　　　合批均匀化

压制　　　　　　烧结　　　　　　磨削外检

图 4 – 7　芯块制造工艺流程

（a）粉末均匀化　　　　　　（b）预压制粒　　　　　　（c）压制

（d）烧结　　　　　　　　（e）磨削及外观检查

图 4 – 8　芯块制粒、烧结、磨削等设备

73

4.2 燃料棒生产工艺

在 UO₂ 芯块、锆包壳管、端塞等部件准备完成后,可进行燃料棒生产。

4.2.1 燃料棒生产工艺流程(图 4−9)

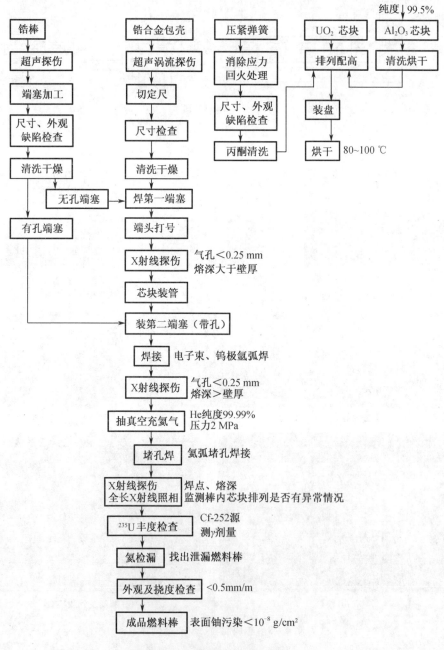

图 4−9 燃料棒生产工艺流程

4.2.2　燃料棒制造设备介绍

燃料棒制造:超声复验合格的锆 - 4 包壳管在密封包装车间切定长—清洗—压入打有序号和丰度号的下端塞—焊接—装管—压入上端塞—焊接—充氦堵孔,制成燃料棒,如图 4 - 10 所示。

燃料棒制造设备如图 4 - 11、图 4 - 12 所示。

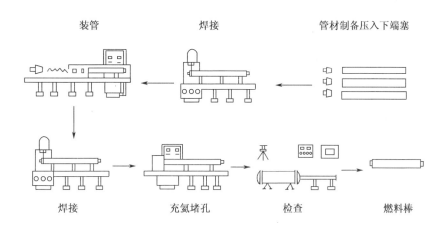

装管　　　　焊接　　　　管材制备压入下端塞

焊接　　　充氦堵孔　　　检查　　　燃料棒

图 4 - 10　燃料棒制造工艺流程

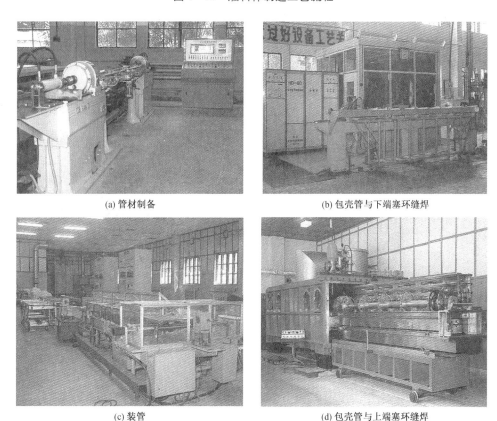

(a) 管材制备　　　　　　　　　(b) 包壳管与下端塞环缝焊

(c) 装管　　　　　　　　　　(d) 包壳管与上端塞环缝焊

图 4 - 11　燃料棒制造设备

(a) 充氦堵孔焊接

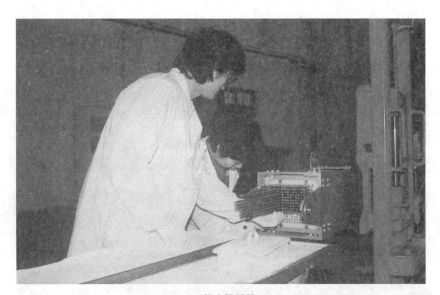

(b) 检查燃料棒

图 4 – 12　燃料棒焊接设备

4.3 定位格架生产工艺

压水堆燃料组件定位格架通常由因科镍和锆合金两种材料制成。

4.3.1 双金属格架生产工艺流(图 4 - 13)

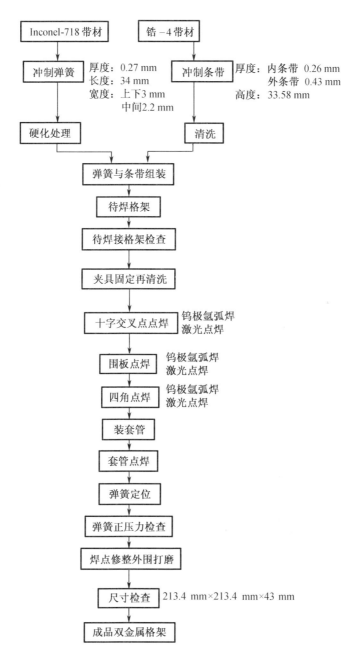

图 4 - 13 双金属定位格架生产工艺流程

4.3.2　因科镍格架生产工艺(图4-14)

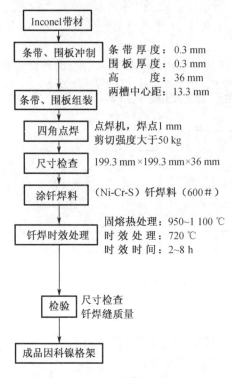

图4-14　因科镍格架生产工艺流程

4.3.3　定位格架制造工艺设备介绍

零部件制造:燃料棒、燃料组件、相关组件的零部件在机械加工车间加工。机械加工车间建有定位格架、上下管座、边接柄等零部件的完整生产线,配有优良的机械加工设备和检查设备。定位格架加工工艺流程及设备如图4-15所示,定位格架成品如图4-16所示。

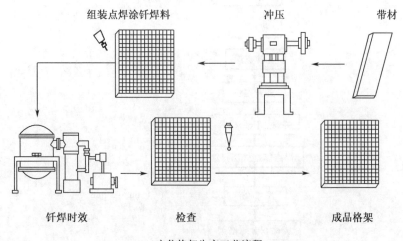

(a)定位格架生产工艺流程

(b)设备

图 4 – 15　定位格架制造工艺流程及设备

图 4 – 16　定位格架成品

4.4　锆合金包壳管制造工艺

燃料棒锆包壳是压水堆安全防护的第一屏障,其制造质量直接影响锆包壳的堆内性能,如水侧腐蚀、吸氢、辐照伸长、蠕变等。用于压水堆燃料棒包壳的材料有锆 – 4、M5、ZIRLO 等。锆 – 4 包壳管制造工艺流程如图 4 – 17 所示。

对锆合金包壳管性能要求如下:

(1)化学成分要求　按技术条件和标准;

(2)机械性能要求　按技术条件和标准;

(3)氢化物取向;

(4)抗腐蚀要求;

(5)抗辐照要求　辐照伸长、辐照蠕变；

(6)尺寸要求　内径、壁厚；

(7)清洁度要求　氟离子、氯离子等。

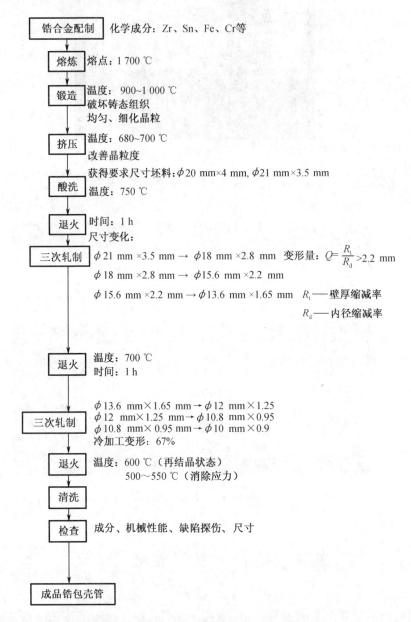

图4-17　锆-4包壳管制造工艺流程

4.5　压水堆燃料组件制造工艺

4.5.1　燃料组件零部件加工工艺简介

上、下管座加工工艺流程如图 4－18 所示,加工设备如图 4－19 所示。

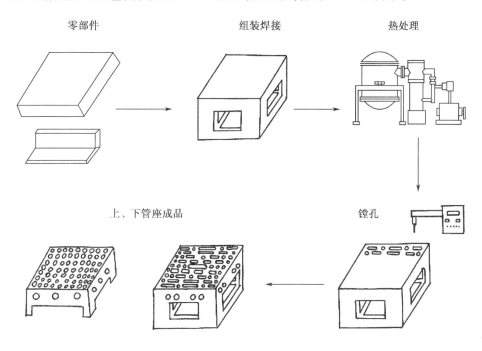

图 4－18　上、下管座加工工艺流程

4.5.2　燃料组件组装工艺流程

燃料棒、定位格架、控制棒导向管、上管座和下管座等制造完成后,进行燃料组件组装,主要工艺过程如图 4－20 所示。

(a) 数控铣镗床

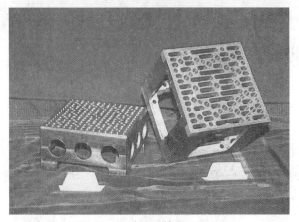

(b) 上、下管座

(b) 万能测试中心

图 4 – 19　上、下管座加工设备

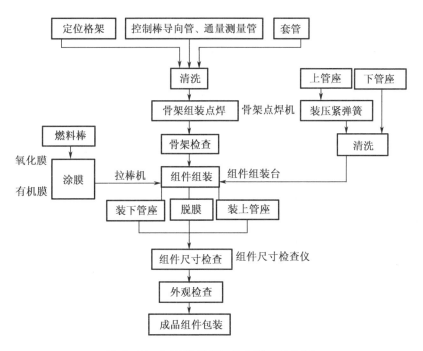

图 4 – 20　压水堆燃料组件组装工艺流程

4.5.3　燃料组件制造设备介绍

定位格架和导向管在密封包装车间组装点焊,制成燃料组件骨架,再拉入经酸洗、表面涂有防护膜的燃料棒,装配上、下管座,焊接,脱膜,制造燃料组件。燃料组件组装流程和设备如图 4 – 21 所示。拉棒组装、组件检查及燃料组件成品如图 4 – 22 所示。

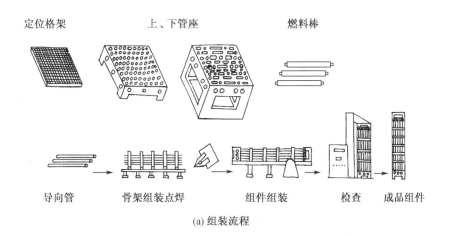

(a) 组装流程

(b) 制造设备

图 4 – 21　燃料组件制造流程及设备

(a) 拉棒组装

(b) 组件检查

(c) 燃料组件成品

图 4 – 22　拉棒组装、组件检查及组件成品

第5章　压水堆燃料堆内性能实验

为了保证燃料组件在核电站的安全运行,必须对燃料组件设计、结构、材料性能及制造工艺,在压水堆运行条件下进行实验验证。在实验堆上建造的辐照装置,即高温高压实验回路,就是用来模拟商用压水堆稳态运行工况,对燃料和材料进行辐照考验的。辐照考验的结果以及辐照后燃料元件热室检验的数据将反馈给燃料性能分析者进行模型和程序的开发及验证,并用于对原来设计的评价以及结构和工艺的改进。

从20世纪80年代开始,为配合堆内实验,准确确定燃料的功率、温度、变形和裂变气体释放率等,西方核技术发达的国家专门发展了堆芯仪表和仪表化燃料组件,用于燃料堆内考验,测量燃料棒堆内的辐照性能。

我国从20世纪60年代开始陆续进行生产堆元件、核潜艇燃料组件、秦山一期核电厂燃料堆内考验和秦山二期核电厂燃料堆内考验工作,先后在游泳池堆、重水实验堆和高通量工程实验堆上设计建造了堆内考验回路(表5-1),并在这些考验回路上先后完成了生产堆金属铀元件、核潜艇燃料组件以及核电站燃料组件的堆内辐照考验工作,为核电站的安全运行和燃料组件的生产提供了堆内性能数据。

表5-1　中国原子能科学研究院设计建造的堆内考验回路

回路名称	技术指标和用途		状态
一号回路	压水堆燃料组件考验 　压力 　温度 　流量 　功率	14 MPa 320 ℃ 15 m³/h 580 kW	完成两次压水堆燃料组件考验后拆除退役
二号回路	压水堆燃料组件考验 　压力 　温度 　流量 　功率	15.2 MPa 320 ℃ 15 m³/h 300 kW	完成压水堆燃料棒考验
游泳池堆,低温低压一号考验回路	金属铀燃料元件考验 　压力 　温度 　流量 　功率	1.5 MPa 120 ℃ 12 m³/h 50 kW	完成金属铀燃料元件考验后拆除退役

表 5 - 1（续）

回路名称	技术指标和用途		状态
游泳池堆， 压水堆二号回路	压水堆燃料组件和金属铀燃料元件考验		先后完成压水堆燃料组件和金属铀元件考验后拆除退役
	压力	14 MPa	
	温度	310 ℃	
	流量	6 m³/h	
	功率	50 kW	

在研究堆上进行核燃料和核材料的辐射考验，研究其辐照性能，获取用于建立模型和校核、验证程序所需的数据，如堆内测量 UO_2 热导率（conductivity）、间隙热导（gap conductance）、辐照蠕变（irradiation creep）、辐照伸长（irradiation growth）、裂变气体释放率（fission gas release rate）等，为此西方工业发达国家专门设计并成功使用了各种堆内辐照装置（irradiation rig）、堆芯仪表（In-core instrumentation）和仪表化燃料组件（instrumented fuel assembly，IFA）等专门设备，西方工业发达国家已形成了一个专门的技术领域，即动力堆燃料元件/组件的堆内辐照考验技术。

本章将结合我国核动力发展情况，讲述压水堆燃料堆内考验技术、功率跃增实验装置和氦 - 3 堆内实验回路。

5.1　压水堆堆内考验燃料组件

在中国原子能科学研究院重水实验堆上（HWRR）成功地完成了秦山核电厂（3×3-2）压水堆燃料组件的堆内考验，考验组件平均燃耗为 25 000 MW·d/tU，峰值燃耗为 32 400 MW·d/tU，之后用 Zr2.5Nb 压力管再回堆辐照到平均燃耗 31 000 MW·d/tU，从而获得国产 ADU，UO_2 燃料元件的堆内性能数据。我国自行设计和建造的堆内辐照装置及堆内考验回路，及其安全设施运行状况良好。

5.1.1　堆内考验燃料组件结构设计特征

堆内考验燃料组件和燃料棒如图 5 - 1 和图 5 - 2 所示。（3×3-2）考验组件结构布置是从（15×15-21）燃料组件取出具有代表性的一个小单元，因受限于研究堆辐照孔道的尺寸，所以，考验组件在高度上进行了尺寸的缩减，而横截面上的尺寸与（15×15-21）组件保持一致，只是减少了燃料棒排列的数量。其横截面如图 5 - 1 所示，纵剖面如图 5 - 2 所示。考验组件中有七根燃料棒、两根控制棒导向管、三层定位格架，格架与导向管之间点焊，导向管与上栅格板之间用氩弧焊，与下栅格板之间用压紧螺母连接，形成刚性骨架，七根燃料棒分别插在（3×3-2）栅元中，上栅格板有 1 mm 凸缘，放在锆-2 方形盒上，与不锈钢的上连接头用四根不锈钢销钉塞焊固定。组件质量 6.2 kg，装在方形元件盒中，下栅板与元件盒之间有 0.1 mm 径向间隙，燃料组件可以沿方盒内壁自由伸缩，补偿元件盒和骨架之间的热膨胀。

上连接头与考验装置吊架管之间用螺纹连接，螺纹连接预紧力要求适当，既要保证在水流振动下不松动,保证密封,又要保证在高温下不咬死,并能顺利拆卸。为此选用 0Cr17Ni7Al 沉淀不锈钢作为连接头,两部件螺纹配装加工。上连接头设有四角,与压力管内壁有 1 mm 间隙。

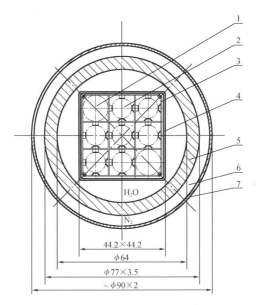

1—支承杆;2—燃料棒;3—定位格架;4—锆－2元件盒;5—不锈钢压力管;6—氮气保温层;7—绝热管。

图 5－1　秦山一期核电厂(3×3－2)考验燃料组件横截面(单位:mm)

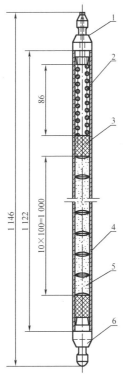

1—上端塞;2—不锈钢弹簧;3—隔热块;4—锆－4包壳管;5—燃料芯块;6—下端塞。

图 5－2　秦山一期核电厂(3×3－2)考验燃料棒纵剖面(单位:mm)

　　锆方形元件盒与压力管之间形成冷却剂流道,冷却剂以 2.62 m/s 流速流过元件盒外部,又以 3.4 m/s 的流速流经燃料组件。方形元件盒下部有一个四定位点的不锈钢定位环,其外切圆直径为 62 mm,使考验燃料组件在压力管中定位,定位环用 4 个销钉塞焊在锆方形元件盒上。

　　堆内考验燃料组件的主要参数见表 5 - 2。

表 5 - 2　堆内考验燃料组件的主要参数

名称	单位	参数
实验组件长度(length of fuel bundle)	mm	1 393
骨架长度(length of skeleton)		1 198
组件断面尺寸(cross section dimension of fuel rod bundle)	mm	62 × 62
燃料排列(arrangement of fuel rod)		方形 3 × 3
定位格架层数(spacer grid number)		3
定位格架间距	mm	490,572
燃料棒数(fuel rod number)		7
燃料束 UO_2 质量(UO_2 weight in fuel bundle)	kg	3.97
燃料组件中 ^{235}U 量(^{235}U in fuel rod bundle)	g	349.7
燃料组件功率(fuel bundle power)	kW	244.7
最大线功率(max. linear power)	W/cm	473
单棒最高功率(max. single rod power)	kW	38.17
活性段高度(active section height)	mm	1 000
^{235}U 富集度(^{235}U enrichment)	%	10
冷却剂(coolant)		H_2O
冷却剂流速(coolant velocity)	m/s	3.4
冷却剂压力(coolant pressure)	MPa	15.2
冷却剂流量(coolant flow rate)	m^3/h	12
出口冷却温度(outlet coolant temperature)	℃	302.7
燃料组件功率(power in fuel rod bundle)	kW	244.7
冷却剂水化学(coolant water chemistry)		
氧含量(oxygen in coolant)	mg/L	<0.1
氯含量(chlorine in coolant)	mg/L	<0.1
氢含量(hydrogen in coolant)	mg/kgH_2O	25 ~ 35
固体杂质含量(solid impurity)	mg/L	<1.0

5.1.2　考验燃料棒

考验燃料棒由全退火锆 – 4 包壳管、ADU UO$_2$ 芯块、Al$_2$O$_3$ 绝热块和锆 – 4 端塞组成。考验燃料棒是压水堆(15×15 – 21)燃料组件典型燃料棒,结构如图 5 – 2 所示。端塞与包壳之间由电子束焊接,包壳管内有 ADU 方法加工的 UO$_2$ 芯块 100 个,Al$_2$O$_3$ 绝热块 2 个,不锈钢压紧弹簧,燃料棒内充氦气压力 1.96 MPa,考验燃料棒主要技术数据见表 5 – 3。

表 5 – 3　考验燃料棒主要技术数据

名称	单位	参数
燃料棒长度(length of test fuel rod)	mm	1 146
锆 – 4 包壳尺寸(Zr – 4 cladding dimensions)	mm	$\phi10 \times 0.7 \times 1\,122$
UO$_2$ 芯块堆积高度(stack height of UO$_2$ Pellets)	mm	1 000
燃料棒气腔高度(the plenum of fuel rod)	mm	86
燃料棒内氦气压力(the pressure in fuel rod)	MPa	1.96
UO$_2$ 芯块密度(UO$_2$ pellet density)	g/cm^3	10.43
芯块碟形半径(dished radius)	mm	R15
UO$_2$ 芯块尺寸(UO$_2$ pellet dimension)	mm	$\phi8.43 \times 10$
UO$_2$ 晶粒度(UO$_2$ grain)	μm	5 ~ 20
碟形坑深度(dished depth)	mm	0.35
芯块肩宽(shoulder width)	mm	0.99
氧铀比(O/U ratio)	mm	2.000 ~ 2.015
芯块含水量(H$_2$O quantity)	mg/kg	< 15
开口孔率(opening porosity)	%	< 3
锆 – 4 包壳管主要技术数据		
包壳外径(outer diameter)	mm	$\phi10$
包壳内径(inner diameter)	mm	$\phi8.6$
表面粗糙度(surface roughness)	μm	0.456 ~ 0.884
冷加工变量(cold-work deformation)	%	67
退火温度(annealing temperature)	℃	520,600
屈服强度(380 ℃)(yield strength)	kg/mm^2	13 ~ 15
织构系数(f45°)(texture factor)		≤0.3
氢含量(hydrogen quantity in cladding)	mg/kg	7 ~ 8

5.1.3 定位格架

考验组件定位架结构如图5-3所示,由GH169A(镍、铬合金)、条带和围板按(3×3)排列,钎焊而成,条带和围板厚度为0.3 mm,每层格架、每个栅元有两个弹性定位点、四个刚性定位点。这样,每根考验燃料棒全长有6个弹性定位点、12个刚性定位点,保持燃料棒固定在要求位置。设计要求三层格架对燃料棒的夹持力为1.44~2.16 kg,实际测量为3~5 kg。弹簧正压力为0.80~1.07 kg,弹簧对燃料棒的夹持力与锆包壳表面状态、燃料棒弯曲度和三层定位格架各栅元的同心度有关,堆内快中子辐照可引起80%的弹簧正压力松弛。

定位格架的外形尺寸为40.2 mm×40.2 mm(3×3),栅元的栅距为13.3 mm,定位格架围板之间在四个角处采用搭接钎焊。

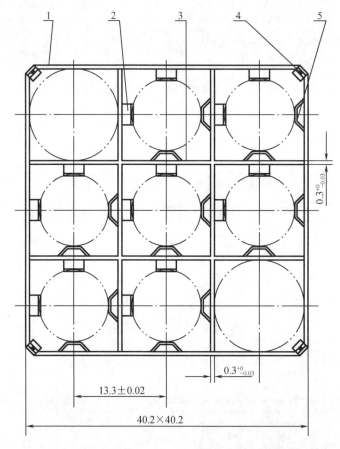

1—外条带;2—弹簧片;3—内条带;4—电焊点;5—刚性定位点。

图5-3 秦山一期核电站(3×3-2)定位格架

5.1.4 考验组件功率及燃耗确定

考验组件中各燃料棒功率不均匀,各子通道流量也不均匀,所以准确计算燃料棒的功率、燃耗和温度是非常必要的。

考验组件的功率(kW)W_A为

$$W_A = W_I + W_{Los} - W_r \tag{5-1}$$

W_1——冷却剂功率,kW; $\qquad$ $W_1 = \Delta t \cdot C_p \cdot G/860$ $\qquad$ (5 - 2)

W_{Los}——散热损失,kW; $\qquad$ $W_{Los} = \Delta t_1 C_p \cdot G/860$ $\qquad$ (5 - 3)

W_r——γ 发热量,kW; $\qquad$ $$W_r = \frac{\sum_{i=1}^{n} q_i \cdot G_i}{1\ 000}$$ $\qquad$ (5 - 4)

式中　q_i——各部件 γ 发热量,W/g,$q_i = \dfrac{q_i^{maz}}{K_z^r}$（其中,$q^{maz}$ 为测量给出最高 γ 发热量,W/g,K_z^r

　　为 γ 发热轴向不均系数,1.286）;

　　G_i——各结构部件质量,包括压力管、锆 - 2 方盒、导向管、格架、上下栅板等共

　　11 项;

　　G——冷却剂流量,8.748×10^3,kg/s;

　　Δt——仪表指示温差,℃;

　　Δt_1——在额定参数下,散热损失负温差,℃;

　　C_p——在额定参数下冷却剂比定压热容,kJ/(kg · ℃)。

燃料棒平均功率(kW) $\overline{W}$ 为

$$\overline{W}_{FR} = \frac{W_A \cdot K_i}{\sum K_i} \quad (i = 1,2,3,4,5,6,7)$$ $\qquad$ (5 - 5)

燃料棒最高功率(kW) W_i^{max} 为

$$W_i^{max} = \frac{W_A K_i \cdot K_Z}{\sum K_i} \quad (i = 1,2,3,4,5,6,7)$$ $\qquad$ (5 - 6)

组件平均燃耗(MW · d/tU) $\overline{B}_A$ 为

$$\overline{B}_A = \frac{W_A \times 10^3}{M_U \times 10^{-3}} \cdot D$$ $\qquad$ (5 - 7)

燃料棒平均燃耗(MW · d/tU) $\overline{B}_{Ri}$ 为

$$\overline{B}_{Ri} = \frac{\overline{B}_A \cdot K_i}{\sum K_i} \quad (i = 1,2,3,4,5,6,7)$$ $\qquad$ (5 - 8)

燃料棒最高燃耗(MW · d/tU) $\overline{B}_{Ri}^{max}$ 为

$$\overline{B}_{Ri}^{max} = \frac{\overline{B}_A \cdot K_i \cdot K_Z}{\sum K_i} \quad (i = 1,2,3,4,5,6,7)$$ $\qquad$ (5 - 9)

式中　K_i——燃料棒相对功率分布系数,物理测量得到;

　　K_Z——燃料棒轴向功率分布系数,物理测量得到,1.24;

　　D——反应堆功率运行时间,d;

　　M_U——燃料棒中铀装载量,3.49 kg;

　　W_A——燃料组件功率,244.7 W。

考验组件功率和燃耗的计算结果见表 5 - 4。

表 5 - 4 考验燃料棒功率和燃耗计算结果

棒号参数		燃料						
	组件	2	3	4	5	6	7	8
燃料棒相对功率分布系数		1.0	1.085	1.019	0.756	1.039	1.078	0.98
燃料棒功率/kW	244.7	35.18	38.17	35.84	26.59	36.55	37.92	34.47
最大线功率/(W·cm^{-1})		436.17	473.11	444.13	329.92	453.36	470.63	427.58
平均燃耗/(MW·d·tU^{-1})	25 000	25 155	27 294	25 633	19 017	26 136	27 117	24 652
最大燃耗/(MW·d·tU^{-1})	31 000	31 193	33 844	31 785	23 581	32 409	33 625	30 568
包壳外表面最高温度/℃		341.2	345.7	342.6	329.2	343.2	345.5	340.6
芯块最高温度/℃		1 776	1 900	1 810	1 369	1 832	1 887	1 747
裂变气体释放率/%		10.3					19.1	13.8
最大直径变化/μm		−17	7	−14	−20	2	3	10
氧化膜厚度/μm								10~20
辐照伸长/mm					0.58			1.97

5.2 堆内辐照装置

堆内辐照装置是与高温高压回路相连的、安装在实验堆的辐照孔道中,用于考验组件(模拟组件或小组件)进行堆内考验的重要装置,辐照装置内装入考验燃料组件后,可模拟压水堆高温、高压、高辐照的运行条件。堆内辐照装置按核Ⅰ级设备进行设计,其结构如图5-4所示。堆内辐照装置由压力管组件、吊架管组件、压力管上封头组件、过渡段组件、绝热管组件和氮气湿度监测系统六部分组成。

5.2.1 压力管组件(pressure tube assembly)

压力管组件是辐照装置的核心部件,由压力管、冷却剂进出口管、上封头组成。材料为不锈钢(1Cr18Ni9Ti)锻件,经机械加工和无缝钢管、进出口管与考验回路相连,冷却剂沿压力管内壁,在底部进入考验燃料组件,冷却燃料棒,沿吊架管上流,由出口管流出,带走核发热,进入考验回路。压力管组件设计参数见表5-5。

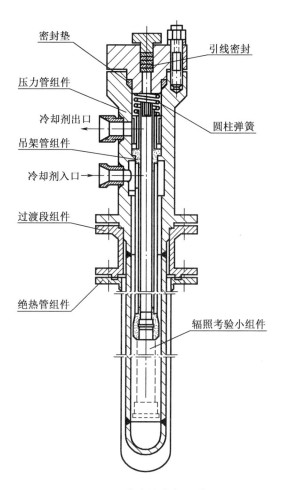

图 5 - 4   压水堆堆内辐照装置

表 5 - 5   辐照装置压力管组件设计参数

名称	参数
工作压力	15.2 MPa
设计压力	17.2 MPa
出口温度	320 ℃
设计温度	350 ℃
压力管内径	64 mm
压力管材料	1Cr18Ni9Ti
许用应力	109.8 MPa
焊缝系数	1.0
不锈钢腐蚀裕度	0

1. 压力管壁厚计算

直管部分按第三强度理论计算壁厚,有

$$\delta_1 = \frac{PD_{in}}{2[\sigma]\phi - P} \qquad\qquad (5-10)$$

式中 P——设计压力,17.2 MPa;

$[\sigma]$——许用应力,109.9 MPa;

D_{in}——压力管内径,64 mm;

ϕ——焊接系数,1.0;

C——腐蚀裕度,0。

直管部分计算厚度为 5.4 mm,取 6.5 mm。

2. 下部球形封头

计算厚度:

$$\delta_2 = \frac{PD_{in}}{4[\sigma]\phi - P} + C \qquad\qquad (5-11)$$

下部球形封头计算壁厚为 2.6 mm,取 6.5 mm。

压力管在堆内运行时,内压引起的一次应力和 γ 发热引起的二次应力要进行应力许定:

一次应力强度　　96.07 MPa

二次应力强度　　27.35 MPa

弯曲应力强度　　22.94 MPa

一次应力强度≤许用应力 $[\sigma]$,即

$$96.07 \text{ MPa} \leqslant 109.8 \text{ MPa}$$

二次应力强度 + 弯曲应力强度≤1.5 $[\sigma]$,即

$$96.07 + 22.94 = 119.01 \text{ MPa} \leqslant 1.5[\sigma] = 164.7 \text{ MPa}$$

一次应力强度 + 弯曲应力强度 + 二次应力强度≤3.0 $[\sigma]$,即

$$96.07 + 22.94 + 27.35 = 146.36 \leqslant 3[\sigma] = 329.4 \text{ MPa}$$

满足在正常运行工况下三项应力评定准则,设计是安全的。

3. 锆 – 铌(Zr2.5Nb)压力管

秦山一期核电厂堆内考验燃料组件加深燃耗至 31 000 MW · d/tU,采用 Zr2.5Nb 压力管设计方法与不锈钢压力管相同,但数据不同,设计参数见表 5 – 6。

表 5 – 6　锆 – 铌压力管设计参数

名称	参数
设计压力	17.2 MPa
设计温度	350 ℃
压力管内径	64 mm
γ 发热量	6.56 W/cm³
热导率	0.184 W/(cm · ℃)
泊松比	0.33
弹性模量	7.32 × 10⁴ MPa

表 5 – 6(续)

名称	参数
线膨胀系数	$6.25 \times 10^{-6}℃^{-1}$
焊缝系数	1
腐蚀裕度	0.6 mm
许用应力	98 MPa

锆 – 铌压力管计算厚度 6.16 mm,取 7.0 mm,下部外径 78 mm,上部外径 95 mm,壁厚 8.5 mm。

对两种材料都要防止出现压力管应力腐蚀,因此要严格控制冷却剂中的氧含量。氯离子含量必须小于 0.1 mg/L。对锆 – 铌压力管,要防止出现延迟氢脆破裂(delayed hydride cracking,DHC)。锆合金在高温高压水中会出现腐蚀吸氢(pick up hydrogen),若吸氢量超过安全限值,可能导致氢脆破坏。

5.2.2　吊架管组件(hanging tube assembly)

吊架管组件主要用于悬吊考验燃料组件,使燃料组件保持在活性区要求位置上,由三层同心薄壁不锈钢套管组成,3 mm 环形间隙内充不流动的水,可以减少由于进出口温差而引起的热量交换。吊架管下端焊接一个 0Cr17Ni7Al 不锈钢接头,与考验燃料组件上接头螺纹连接,而且要保证冷却剂密封。吊架管上部有一压紧弹簧,保证密封面压紧。

5.2.3　压力管上封头组件(closure head assembly of pressure tube)

压力管上封头用螺栓与压力管连接,垫片用柔性石墨,可保证高压密封。上封头的中心部位有堆芯仪表(热电偶)引线,用柔性石墨密封。热电偶用于实验段冷却剂进出口温差和温度测量,校核燃料组件的热功率。

5.2.4　过渡段组件(transition section assembly)

过渡段组件用以固定和支承高温、高压的压力管组件,将载荷传递到实验堆的铝塞上,减少辐照装置与实验堆之间的热量交换。过渡段上有五个堆芯仪表和氮气系统接头。过渡段组件由上、下活套法兰和螺纹接头组成。

5.2.5　绝热管组件(insulating heat thimble assembly)

绝热管组件由铝管、法兰和下封头组成。铝绝热管与不锈钢压力管之间有 11 mm 的间隙,内充0.1 ~ 0.2 MPa 氮气,减少实验堆与辐照装置热量交换,根据实际测量和传热计算辐照装置与实验堆(HWRR)之间有大约 10 kW 的热量交换。氮气温度和湿度可用于监测压力管的密封性能。

5.2.6　氮气湿度监测系统(moisture monitoring system of nitrogen gas)

氮气湿度监测系统用于监测压力管的完整性,系统中的氮气通过压气泵循环通过辐照装置。当压力管泄漏时,氮气湿度系统中的水蒸气压力、温度升高,一旦超过运行限值,该系统的仪表可给出报警信号,氮气系统压力维持$0.1 \sim 0.2$ MPa,流量为0.4 m^3/h。

氮气温度监测系统由压气泵、湿度仪表、补气罐、不锈钢管道、温度仪表、压力仪表等组成。

5.3 堆内考验回路

考验回路是燃料辐照考验设施的堆外部分,模拟压水堆高温高压的工作条件,也叫作高温高压回路。

5.3.1 堆内考验回路设计安全规则

考验回路是在实验堆设计和建造的小型核设施,所以在设计、制造、安装和运行过程中必须考虑实验堆的安全、高温高压设备的安全和放射性辐射安全。

(1)考验回路设计应确保在正常情况下满足燃料组件考验要求。

(2)在预计运行事件情况下,主要运行参数超过设计限值,要自动报警、自动停堆,确保反应堆和考验回路安全。

(3)考验回路设计要有安全注水措施,在事故情况下冷却考验燃料组件,导出余热。

(4)燃料组件堆内考验时,允许燃料棒包壳随机自然破损,一旦发生破损,反应堆立即停止运行,考验工作立即终止;同时要能够处理裂变产物的排放和对考验回路进行清洗去污。

(5)考验回路应该设有保护装置,并与反应堆保护系统相互联锁,考验回路启动后反应堆才能启动,反应堆停堆后考验回路才能停止运行。

(6)供电必须可靠,供电系统设计遵循可靠性、独立性原则,对重要设备和系统的供电必须遵循单一故障原则,除两路独立的外电源供电外,还需要有应急供电系统。

(7)热工检测系统、控制仪表必须可靠、准确,保证考验回路正常安全运行;遵循独立性、可靠性原则,对重要参数的控制系统必须遵循单一故障原则,并有事故保护功能,一旦超过设计限值要能报警和停堆。

(8)考验回路应设置多重性燃料棒包壳破损在线监测系统,可立即发现燃料棒破损,防止裂变产物大量外泄。

(9)辐照装置压力管的泄漏直接影响反应堆的安全,必须设置压力管泄漏监测系统,一旦压力管发生泄漏,能立即发现并给出信号,停止考验回路运行。

(10)考验回路有许多承压设备,必须满足压力容器设计规范,一回路压力边界内的重要设备,按核级压力容器的要求进行设计和制造。

5.3.2 考验回路主要设计参数(main design parameters of in-pile test loop)

高温高压考验回路主要设计参数如表5-7所示。

表 5 - 7　高温高压考验回路主要设计参数

名称	单位	参数
工作压力(operating pressure)	MPa	15.2
设计压力(designing pressure)	MPa	17.2
设计温度(designing temperature)	℃	350
最大冷却剂流量(max. coolant flow rate)	m³/h	15.0
冷却剂最高温度(max. coolant temperature)	℃	320
冷却剂水化学(coolant water chemistry)		
冷却剂(coolant)		去盐水(dematerialized H_2O)
电导率(specific conductivity)	μs	>0.5
pH 值(pH value)		6.5 ~ 8
氢含量(hydrogen quantity)	mg/LH_2O	15 ~ 40
氧含量(oxygen quantity)	mg/LH_2O	<0.1
氯化物	mg/LH_2O	<0.1
氟化物(fluoride)	mg/LH_2O	<0.1
固体杂质(crud)	mg/LH_2O	<1.0
联胺(hydrazine)	mg/LH_2O	<0.05

5.3.3　考验回路系统(Test Loop System)

考验回路堆外部分由一回路、稳压系统、二回路系统、三回路系统、补水系统、净化系统、燃料棒破损监测系统、设备冷却系统、安全注水系统、充水排气系统、喷淋系统和电气系统组成,详见图 5 - 5。

1. 一回路系统(primary circuit system)

一回路系统为考验燃料组件提供要求的热工水力条件,冷却剂在辐照装置中,带走燃料组件的核发热,在主换热器中将热量传至二回路冷却水,主要设备有两台主循环泵(main circulating pumps)、一台热交换器、电动调节阀、电加热器、管道等。

通过旁路管道调节阀可调节一回路系统流量。调节进入主换热器流量及调节二、三回路流量,可实现一回路冷却剂温度调节,正常运行时可通过调节三回路冷却水流量,调节辐照装置出口温度。一回路系统的压力由加压器来调节。一回路冷却剂压力、温度、流量仪表可以给出报警信号,当超过运行限值时可发出报警信号,当超过安全限值时可发出自动停堆信号,表 5 - 8 给出一回路冷却剂运行、报警和停堆的限值。

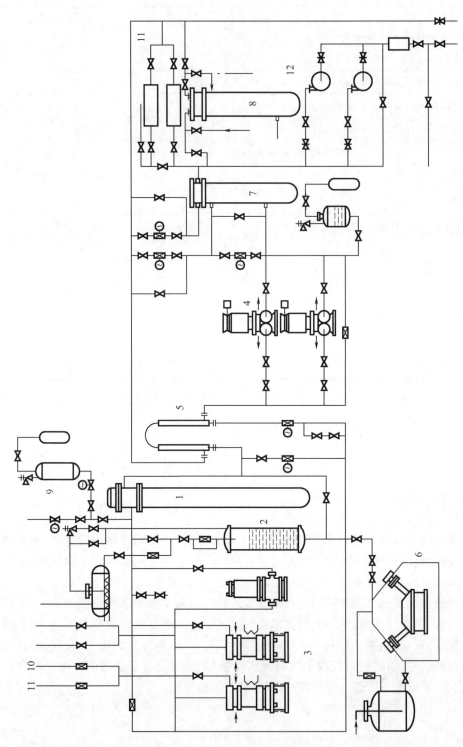

图 5-5 重水堆高温高压考验回路

1—辐射装置；2—稳压器；3—主循环泵；4—二回路冷却水泵；5—主换热器；6—补给水箱；7—一二回路冷却系统热交换器；8—设备冷却系统热交换器；9—应急冷却水箱；10—缓发中子探测器；11—离子交换器；12—二三回路冷却泵。

表 5-8　一回路冷却剂运行、报警和停堆的限值

名称	运行值	报警值	停堆值
冷却剂压力/MPa	15.2	14.7	14.2
冷却剂温度/℃	303	308	313
冷却剂流量/m³/h	12.0	11.2	10

一回路系统有管道与稳压系统、燃料棒破损监测系统、净化系统、补水系统、设备冷却系统、安全注水和排水排气系统相连。回路高低压部分连接用两个高压阀门隔开,管道高处和低处设置排水和排气点,并有两道截止阀。

一回路主要有以下设备:

(1)主循环泵

两台立式屏蔽泵,电机与水泵之间有隔热屏蔽套,电机定子和转子均用屏蔽套隔离,保护电机绕组。隔热屏蔽套和电机定子由冷却水冷却,冷却水来自设备冷却系统。主循环泵的主要参数见表 5-9。

表 5-9　主循环泵的主要参数

名称	单位	参数
屏蔽泵型号(canned pump type)		50GPL-60
设计压力(design pressure)	MPa	17.2
设计温度(design temperature)	℃	340
水压试验压力(hydraulic test pressure)	MPa	26.5
运行温度(operating temperature)	℃	300
设计流量(design flow rate)	m³/h	20
扬程(delivery height)	m	60
转速(rotative velocity)	r/min	2 900
额定功率(rated power)	kW	7.5
线电流(line current)	A	22.5
电压(voltage)	V	380/220
电机绝缘等级(insulating class of electrical motor)		H
泵冷却水温度(pump cooling water temperature)	℃	≤40
泵冷却水流量(pump cooling water flow rate)	m³/h	0.75
电机定子绕组温度(stator coil temperature of electrical motor)	℃	165

(2)主换热器(main heat exchanger)

主换热器是套管式热交换器,内有四根并联的 U 形管,U 形管与进出口联箱的联结方式为焊接。U 形管内介质为一回路冷却剂。U 形管与外套管之间为二回路冷却水,可带走一回路冷却剂热量。外套管有膨胀节以补偿不同温度引起的热膨胀。主换热器主要设计

参数见表 5 - 10。

表 5 - 10 主换热器主要设计参数

名称	单位	参数
传热量(heat exchanging capacity)	kW	270
材料(material)		1Cr18Ni9Ti
内管工作压力(inner pipe operating pressure)	MPa	15.2
内管设计压力(inner pipe design pressure)	MPa	17.2
内管设计温度(inner pipe design temperature)	℃	350
内管冷却剂进口温度(coolant input temperature of inner pipe)	℃	320
内管冷却剂流量(coolant flow rate in inner pipe)	m³/h	6.21
内管冷却剂流速(coolant velocity in inner pipe)	m/s	1.52
外管工作压力(outer pipe operating pressure)	MPa	0.98
外管设计压力(outer pipe design pressure)	MPa	1.56
外管设计温度(outer pipe design temperature)	℃	150
二次水入口水温(input cooling water temperature of secondary circuit)	℃	100
二次水出口水温(output cooling water temperature of secondary circuit)	℃	120
内管尺寸(inner pipe dimension)	mm	25 × 3
外管尺寸(outer pipe dimension)	mm	38 × 3
传热面积(heat transfer area)	m²	0.48

(3)加热器(heater of primary circuit system)

在一回路主管道上,装有碳化硅远红外加热器,总功率 96 kW。加热器的作用是考验回路启动时的加热、停堆时的加热以控制回路的降温速率。

(4)管道(pipe of primary circuit system)

一回路管道材料用 φ57 × 6 的 1Cr18Ni9Ti 不锈钢钢管,热段内流速为 2.17 m/s,冷段内流速为 2.03 m/s,管道总长度约 70 m。

(5)阀门(valves of primary circuit system)

一回路系统装有两台电动调节阀,可实现温度和流量调节,并与自动化仪表配套。另外还装有一台 50FJ63Y - 200P 手动截止阀和一台 25FJ63Y - 200P 手动节流阀。一回路系统压力边界均有高压仪表阀,密封填料采用核级柔性石墨。

(6)仪表(instrumentation)

一回路系统设有压力测量、温度测量和流量测量,用以监测和控制一回路热工参数。

①压力测量

辐照装置冷却剂出口有压力测量点,有低压力报警和低压事故停堆信号。

②温度测量

辐照装置冷却剂出口有温度测量点,同时有温差测量点,采用多头铂电阻温度计作一次仪表。温差和流量组合可给出考验燃料组件的热功率。一回路加热器管道上有三个温度测量点,热电偶为一次仪表。出口温度测量有高温报警和高温停堆信号。

③流量测量

辐照装置出口和主换热器出口有流量测量点,辐照装置出口流量有低流量报警和低流量事故停堆,并有低流量自动切换备用泵信号,保证燃料组件的冷却。

2. 稳压系统(pressurized system)

稳压系统用来维持一回路系统,在正常压力下运行,在启动、停止和正常运行时,补偿因参数变化而引起冷却剂容积变化,调节一回路压力在运行限值范围内。加压系统还提供超压和低压保护,以排除冷却剂中溶解的气体。

稳压器汽腔和主循环泵出口相连,水腔和主热交换器进口相连。正常运行时有一定喷雾量从一回路喷入稳压器,排出冷气剂中溶解气体,喷雾阀并联一个直径为 1.5 mm 的孔板,压差约 0.2 MPa,使喷雾量保持合适水平。稳压器有 42 kW 加热器,使稳压器水温保持在工作压力下饱和温度,一般要高出一回路冷却剂温度 40~50 ℃。电磁阀和安全阀并联来实现压力保护。当压力上升到 16.2 MPa 时,打开电磁阀卸压,如果压力继续升高至 17.0 MPa,安全阀动作排气。稳压器水腔通过波动管与一回路连接。液位降低时,补给水向稳压器补水;水位过高时,排水管向排水排气系统排水。稳压器主要设计参数见表 5 - 11。

表 5 - 11　稳压器主要设计参数

名称	单位	参数
工作压力	MPa	15.2
设计压力	MPa	17.2
水压试验压力	MPa	26.3
工作温度	℃	350
设计温度	℃	360
水容积	m³	0.14
蒸汽容积	m³	0.07
总容积	m³	0.21
喷雾水量	kg/h	10
电加热器功率	kW	42
运行所需电功率	kW	1.8
电磁阀型号		FD25(Ⅱ)
电磁阀开启压力	MPa	16.2
安全阀型号		双功能引导式安全阀
安全功能阀开启压力	MPa	17.0
安全功能阀回座压力	MPa	15.8
释放功能阀开启压力	MPa	16.02

表 5 – 11（续）

名称	单位	参数
释放功能阀回座压力	MPa	15.0
安全阀设计压力	MPa	17.2
安全阀设计温度	℃	360
背压	MPa	0.1
环境温度	℃	70
排放量	kg/h	2 000
密封压力	MPa	16.1
工作介质		水蒸气

3. 二回路系统（secondary circuit system）

一、三回路之间传热温差近 300 ℃，为减少设备温差应力，专门增加一个中间回路，即为二回路。考验燃料组件产生的热量，由二回路冷却水传递到三回路，冷却水用去盐水。设计压力 1.57 MPa，设计温度 150 ℃，有两台 65GP – 60A 型屏蔽泵，立式热交换一台。主要设备设计参数如二回路水泵、二回路热交换器和二回路稳压器参数分别见表 5 – 12、表 5 – 13 和表 5 – 14。

表 5 – 12　二回路水泵主要参数

名称	单位	参数
使用压力	MPa	≤3.9
使用温度	℃	250
设计流量	m³/h	23.5
扬程	m	52.5
转速	r/min	2 900
额定功率	kW	11
电压	V	380/220
电机绝缘等级		H
电机绕组温度	℃	<180
泵冷却水温度	℃	<40
泵冷却水流量	m³/h	0.75 ~ 1.5

表 5 – 13　二回路热交换器主要参数

名称	单位	参数
传热量	kW	270
二回路冷却水流量	m³/h	13.4

表 5 – 13（续）

名称	单位	参数
二回路冷却水流速	m/s	0.39
壳程设计压力	MPa	1.57
壳程设计温度	℃	150
二回路冷却水进口温度	℃	120
热交换器管侧		
设计压力	MPa	1.0
设计温度	℃	60
三次水流量	m³/h	21.5
三次水流速	m/s	1.29
三次水入口温度	℃	35
三次水出口温度	℃	45
传热面积	m²	3.8
管径	mm	$\phi 25 \times 2.5$
管数	根	32

表 5 – 14　二回路稳压器主要参数

名称	单位	参数
设计压力	MPa	1.27
设计温度	℃	150
容积	m³	0.15
气体		氮气
安全阀		弹簧密封式安全阀
开启压力	MPa	1.1

4. 三回路系统(third circuit system)

　　三回路系统冷却水将二回路冷却水热量通过冷却水散至大气中。三回路冷却水来自试验堆(HWRR)二回路冷却水,同时还向净化系统取样冷却器、设备冷却系统和排水系统供应冷却水。当发生失水事故时,辐照装置内的压力降低到 0.4 MPa 时,可远距离手控打开电动阀门,向辐照装置供应冷却水冷却燃料组件,排除余热。考验回路正常运行时,可用电动调节阀调节三回路冷却水通过二回路热交换器的流量,使辐照装置出入口冷却剂温度控制在运行限值以内,三回路系统主要设备设计参数见表 5 – 15。

表 5 – 15　三回路系统主要设备设计参数

名称	单位	参数
三回路设计温度	℃	60
三回路设计压力	MPa	1
三回路冷却水泵	台	2
三回路冷却水泵型号		1S8D – 65 – 160
流量	m³/h	30 ~ 60
扬程	m	25
电机功率	kW	7.5
电机转数	r/min	2 900
冷却水泵输送流体温度	℃	< 80
通过二回路热交换器冷却水流量	m³/h	21.5

5. 补水系统(make-up water system)

补水系统向一回路系统和稳压系统供应去盐水。该系统加联铵除氧,去盐水的氧含量控制在 8 ~ 9 mg/kgH$_2$O 范围内,所以在核启动前、冷却剂温度 30 ~ 90 ℃时,加入 1.5 倍溶解氧量的联铵(hydrazine),其反应原理如下:

$$NH_2 \cdot NH_2 + O_2 \rightarrow 2H_2O + N_2 \uparrow$$

加联铵后冷却剂中溶解氧可降至 0.1 mg/kgH$_2$O,核电站在冷却剂 82 ℃时加联铵,带功率运行时,加氢使冷却剂中的残留氧含量小于 0.005 mg/kgH$_2$O。根据压水堆水化学要求加入氢氧化锂和硼酸。

去盐水经离子交换柱——阳柱、阴柱、混合柱及除氧柱净化,经过滤器进入补给水箱再与补水泵入口相连,泵出口有逆止阀,防止补给水倒流,启动补给水泵,使补给水泵出口压略高于一回路冷却剂压力,即可向一回路系统补水。补给水系统主要设计参数如下。

(1)补给水技术指标见表 5 – 16。

表 5 – 16　补给水技术指标

名称	单位	参数
电导率(25 ℃)	μs	1.0
溶解氧	mg/kgH$_2$O	≤0.10
氯离子	mg/kgH$_2$O	≤0.10
硅	mg/kgH$_2$O	≤0.80
总固体杂质	mg/kgH$_2$O	≤0.10
pH(25 ℃)		5.5 ~ 7.5

（2）补给水泵技术参数见表 5 - 17。

表 5 - 17　补给水泵技术参数

名称	单位	参数
补给水泵型号（柱塞高压泵）		3DS - 1.8/200
流量	m³/h	1.8
压力	MPa	1.96
往复次数	min⁻¹	720
缸数		3
柱塞直径	mm	20
行程	mm	50
电机转数	r/min	720
电机功率	kW	17
补给水箱材料		1Cr18Ni9Ti
补给水箱容积	m³	0.34
补给水箱尺寸	mm	$\phi700 \times 1\,995$

6. 净化取样系统（purifying and sampling system）

净化取样系统是保证一回路冷却剂水质指标在要求范围内运行,可连续除去冷却剂中可溶性的腐蚀产物和固体悬浮物并通过取样系统定期取样进行水质分析,监测冷却剂水质。还可以通过该系统向一回路冷却剂中加氢,降低冷却剂中的氧含量,通过树脂柱分离除去冷却剂中的活化腐蚀产物,减少冷却剂中的放射性水平。

正常运行时(0.5% ~ 1.0%)一回路冷却剂进入套管热交换器,温度降至 50 ℃ 以下,经过滤器、阴阳混合树脂,再经除氧柱、过滤器返回热交换器加热段,加热到 200 ℃,最后完成净化回到一回路系统。

净化取样系统主要设备和设计参数见表 5 - 18。

表 5 - 18　净化取样系统主要设备和设计参数

名称	单位	参数
净化系统主要设计参数		
设计压力	MPa	17.2
设计温度	℃	< 50
净化流量	m³/h	0.10
净化系统换热器设计参数		
换热器类型		（套管再生式）
材料		1Cr18Ni9Ti

表 5 –18（续）

名称	单位	参数
再生段设计参数		
传热量	kW	29
内管温度	℃	300
内管冷却剂流量	m³/h	0.1
一次水入口温度	℃	288
一次水出口温度	℃	114
一次水流速	m/s	1.35
再生段传热面积	m²	0.213
二次水流量	m³/h	0.120
二次水入口温度	℃	45
二次水出口温度	℃	226.8
二次水流速	m³/s	0.472
冷却段设计参数		
冷却段传热量	kW	10
冷却段传热面积	m²	0.187
一次水流量	m³/h	0.1
一次水入口温度	℃	114
一次水出口温度	℃	45
一次水流速	m/s	0.884
冷却段冷却水压力	MPa	0.4
冷却段冷却水设计压力	MPa	0.6
冷却水进口温度	℃	35
冷却水出口温度	℃	50
冷却水流速	m/s	1.04
树脂柱	台	3
容积	L	10
尺寸	mm	$\phi100 \times 1450$
过滤器	台	2
过滤网	目	200
尺寸	mm	$\phi50 \times 600$
加氢容器	台	1
尺寸	mm	$\phi100 \times 250$
取样装置(手套箱)	台	1
尺寸	mm	$1\,000 \times 500 \times 600$

7.燃料棒破损监测系统(fuel rod failure monitoring system)

为了监测考验燃料棒的包壳破损,从一回路冷却剂主循环泵出口处引出一个旁路(旁路流量为冷却剂流量的 1%),用机械过滤器去掉旁路冷却剂中的固体颗粒,再经套管换热器降温至 50 ℃ 以下,进入缓发中子探测站和总 γ 探测站,测量缓发中子和裂变产物总 γ 剂量,再由缓发中子数和总 γ 剂量判断燃料棒是否发生了破损。一次用探头是 BF_3 计数管和 γ 计数管。为消除氮 – 16 的影响有 75 s 的延迟时间。

缓发中子探测站中间放置 BF_3 计数管,四周由石蜡或塑料慢化中子。γ 计数管放在不锈钢容器内,四周用铅屏蔽防护,防止外部 γ 的干扰。燃料棒破损监测系统设备及设计参数见表 5 – 19。

表 5 – 19　燃料棒破损监测系统设备及设计参数

名称	单位	参数
系统参数		
监测流量	L/h	100
设计压力	MPa	17.2
设计温度	℃	<50
套管式热交换器		
内管设计压力	MPa	17.2
内管一次水流量	m^3/h	0.137
一次水入口温度	℃	288
一次水出口温度	℃	45
冷却段二次水入口温度	℃	40
冷却段二次水出口温度	℃	53
再生段一次水入口温度	℃	45
再生段一次水出口温度	℃	232
冷却段冷却水流量	m^3/h	0.128
传热面积	m^2	0.522
缓发中子探测站		
容积	L	
计数管		BF_3
二次仪表		FG1902
缓发中子先驱核		137_I、^{87}Br
到探测站延迟时间		75 s
总 γ 探测站		
容器尺寸	mm × mm	$\phi45 \times L95$
γ 计数管型号		G – M 计数管
二次仪表型号		N7887 放大成形器

8. 设备冷却系统(equipment cooling system)

设备冷却系统为一回路系统主循环泵、二回路系统循环泵、净化系统及元件破损监测系统套管热交换器冷却段、排水排气系统等提供冷却水,采用去盐水作冷却介质并循环使用。设备冷却系统主要设计参数见表 5 – 20。

表 5 – 20　设备冷却系统主要设计参数

名称	单位	参数
设计压力	MPa	0.8
设计温度	℃	70
流量	m³/h	7.2
设备冷却泵		2
泵型号(F 型不锈钢泵)		F40 – 65
流量	m³/h	7.2
扬程	m	65
电机功率	kW	7.5
板式热交换器	台	1
热交换量	kW	30
传热面积	m²	2
设计温度	℃	170
设计压力	MPa	1.6
设备冷却水箱	台	1
材料		1Cr18Ni9Ti
水箱容积	m³	0.4
外形尺寸	mm	$\phi712 \times 1665$

9. 安全注水系统(safety injection water system)

当一回路系统发生失水事故时,安全注水系统可向辐照装置内注水,冷却燃料组件、排出余热。该系统由两部分组成:中压注水和低压注水。中压注水系统是 $0.5 \ m^3$ 的安注水箱,内有去盐水,可提供 4.0 MPa 压力,当辐照装置内压力低于 4.0 MPa 时,电磁阀打开,即可向辐照装置内注水。低压注水系统为 $0.44 \ m^3$ 的充水排气箱,内有去盐水,当辐照装置内压力低于 0.4 MPa 时,低压注水电磁阀打开并启动充水排气泵,冷却燃料组件。

安全注水系统主要设计参数见表 5 – 21。

表 5 - 21　安全注水系统主要设计参数

名称	单位	参数
中压注水系统		
注水压力	MPa	4.0
安全注水箱容积	m³	0.50
注水流量	m³/h	1.0
安全注水箱尺寸	mm	$\phi 424 \times 2\,120$
低压注水系统		
注水压力	MPa	0.4
充水排气箱容积	m³	0.44
注水流量	m³/h	1.5

10. 充水排气系统(filling water and exhausting gas system)

充水排气系统用于一回路及与其相连的稳压系统、燃料棒破损监测系统、净化系统等，在回路启动过程中充分排气，回路运行时排出的蒸汽通过储水排气箱冷凝，冷凝水存放在储水排气箱中。气体排入反应堆厂房通风系统，若燃料棒破损，有裂变产物逸出，排风系统有高效过滤器和除碘过滤器，除去裂变产物后排出。充水排气系统主要设计参数见表 5 - 22。

表 5 - 22　充水排气系统主要设计参数

名称	单位	参数
设计压力	MPa	0.6
设计温度	℃	100
储水排气箱容积	m³	0.37
储水排气箱尺寸	mm	$\phi 600 \times 1\,200$
扬液器容积	m³	0.83
扬液器尺寸	mm	$\phi 812 \times 1\,600$
充水排气箱容积	m³	0.44
充水排气泵型号		2A25 - 200
充水排气泵流量	m³/h	11.5
充水排气泵扬程	M	49
电机功率	kW	5.5
废水暂存罐容积	m³	0.5

11. 压力管破损监测系统(leakage detecting system for the pressure tube)

该系统用于监测压力管的完整性，用氮气流过辐照装置压力管和绝缘管之间环形间隙，再通过湿度测量系统的敏感元件，氮气通过压气泵循环。压力管破损监测系统主要设计参数见表 5 - 23。

表 5 − 23   压力管破损监测系统主要设计参数

名称	单位	参数
压力管		
设计压力	MPa	0.6
氮气流量	m³/h	0.4
设计温度	℃	100
氮气罐	台	2
材料		1Cr18Ni9Ti
外形尺寸	mm	$\phi 250 \times 700$
压气泵		
型号(无油膜式压气泵)		Wm − 1/3
排气量	m³/h	1.0
排出压力	MPa	0.30
电机功率	W	180

12. 喷淋除碘系统(spray and deiodine system)

喷淋除碘系统喷淋水来自三回路系统循环泵出口,当一回路系统发生失水事故时,燃料棒破损,并有裂变产物逸出,这时可打开喷淋系统阀门向一回路系统所在的工艺间喷淋冷却水,使蒸汽凝结,挥发性裂变产物溶入水中减少对大气的污染,该系统主要设计参数见表 5 − 24。

表 5 − 24   喷淋除碘系统主要设计参数

名称	单位	参数
设计压力	MPa	0.3
设计温度	℃	35
喷淋器尺寸	mm	$\phi 20 \times 3$
喷淋器孔径	mm	$\phi 1.5$

5.4   压水堆燃料堆内瞬态实验

5.4.1   堆内瞬态实验的目的

通过在试验堆上模拟压水堆燃料各种瞬态运行工况,取得燃料元件行为的数据,发展物理模型,分析导致燃料元件完整性受到破坏的原因。只有这样才能确定合理的设计参数和运行制度来提高燃料元件的安全性和可靠性。

燃料元件的瞬态实验要达到以下目的：

（1）燃料性能分析计算程序验证，尤其是瞬态性能分析程序，或与燃料瞬态行为相关的物理模型；

（2）高燃耗下，燃料芯块与包壳相互作用机理评价；

（3）高燃耗下，燃料裂变气体释放机理评价；

（4）不同燃耗下燃料棒破损功率阈值的确定；

（5）燃料棒负荷追随运行的能力评定。

压水堆燃料棒瞬态实验主要有下列三种模式：

（1）燃料棒破损阈值的功率跃增实验（A - type ramp）

最高功率达 500～600 W/cm，高功率下保持时间为 4～24 h；

（2）模拟控制棒运动的功率跃增实验（B - type ramp）

在核电站正常运行时，控制棒经常上、下运动可引起燃料棒功率波动，导致裂变产物的释放，对燃料棒性能有影响。这种类型堆内瞬态实验模式中，高功率为 400 W/cm，高功率保持的时间为几分钟到几天。

（3）模拟核电站负荷跟踪堆内瞬态实验（C - type ramp）

功率变动范围是 200～410 W/cm，功率循环次数为 1 000 次。

堆内瞬态模式见图 5－6，图 5－7 为日本 JMTR 堆内瞬态实验数据。

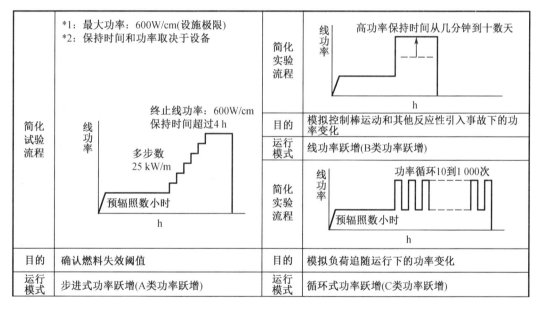

图 5－6　日本 JMTR 堆内瞬态实验模式

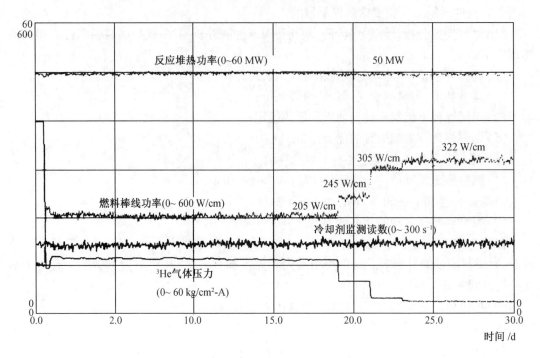

图 5 – 7   日本 JMTR 堆内瞬态实验数据时间

5.4.2   堆内瞬态实验装置

堆内瞬态实验装置由三部分组成:压水辐照容器、燃料棒功率标定装置和氦 – 3 中子吸收屏。

1. 压水辐照容器(pressurized water capsule,PWC)

压水辐照容器用于模拟压水堆燃料棒的工作压力、温度、功率和水化学等,在实验堆中开展燃料棒的瞬态辐照实验。用于瞬态实验的燃料类型有 UO_2、Gd_2O_3、MOX 等。

实验燃料棒放置在充满去盐水的压力管中,燃料产生的核发热通过饱和压力下恒温的静止沸水环径向传递到实验堆冷却剂中或者低温低压冷却回路冷却水中。从堆内实验压力管中引出小流量冷却水排泄放射性分解的气体,并监测冷却剂活度,可指示燃料棒的破坏。压力管堆内实验段自给能探测器(self-powered neutron detector)可实时计算燃料棒功率变化。压力管插到功率标定装置中,确定燃料棒功率和标定自给探测器,实验装置允许燃料棒再装入,热室检验后再辐照,压力管插入氦 – 3 中子吸收屏中。压水辐照容器见图 5 – 8,主要设备及参数见表 5 – 25。

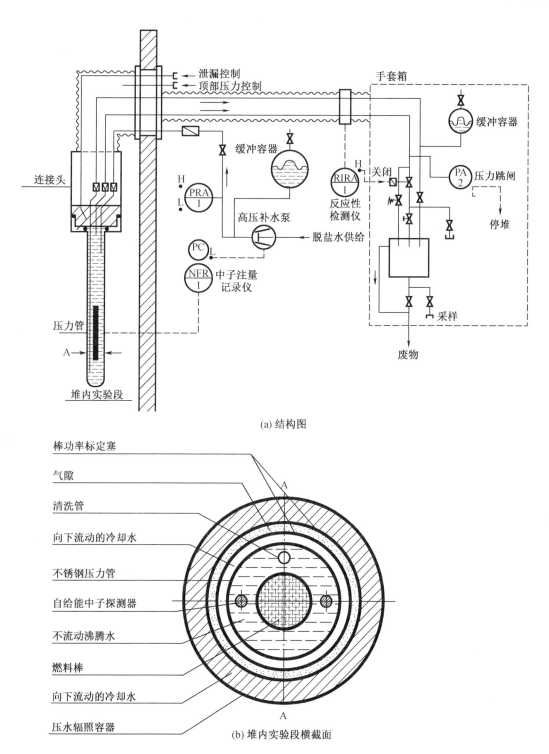

(a) 结构图

(b) 堆内实验段横截面

图 5−8　压水辐照容器

表 5 - 25　压水辐照容器主要设备及参数

名称	单位	参数
高压补水泵		
缓冲罐		
压力报警仪		
放射性监测器		
取样器		
手套箱		
压力管		材料 316SS，$\phi29/26$ mm
运行压力	kg/cm^2	70 ~ 145
最高棒功率	W/cm	700
燃料棒直径	mm	9 ~ 15
燃料富集度	%	0.75 ~ 5
燃料棒活性长度	mm	700
包壳温度		饱和温度 + 10 ~ 20 ℃
中子注量率	cm$^{-2}\cdot$s^{-1}	$(1~2)\times10^{14}$
实验段外径	mm	29

2. 燃料棒功率标定装置(calorimetric calibration device,CCD)

该装置的圆筒内充 4 MPa 的氦 - 3 气体，由氦 - 3 进出管与堆外部分相连接。实验段进出口布置的铂电阻温度和热电偶指示冷却剂的温度和温差。下部或上部装有流量计，测量冷却剂流量。这样可计算出每个功率台阶燃料棒功率，并标定出压力管中自给能中子探测器，所以称该装置为燃料棒功率标定装置(CCD)。图 5 - 9 是 JMTR 堆 OST - 1 装置堆内实验段及 CCD 测点位置。

3. 氦 -3 中子吸收屏(variable neutron screen,VNS)

堆内瞬态试验需要对试验段燃料棒功率加以调节，调节方法如下(图 5 - 10)：

①通过调节试验堆的功率来调节试验段燃料的功率；

②在试验段燃料周围布有固体吸收体，转动固体吸收体可调节试验段燃料的功率；

③通过上下移动试验装置达到调节试验段功率的目的；

④水平移动固体吸收体调节试验段燃料的功率。

但是这些功率调节方法各有缺陷和限制，具体如下：

①研究堆是多用途的反应堆，可同时进行多项辐照任务，不只是单独为燃料瞬态实验而运行。如果研究堆要进行快速功率变化或者进行几百到上千次的功率循环，那么这些功率变化和功率循环将为研究堆带来很高的风险。

②研究堆辐照孔道的空间是固定的，也是有限的，移动式(包括水平移动和上下移动)固体吸收屏占据燃料辐照孔道的空间较多而影响到辐照装置的空间设计；

③提升固体吸收屏对研究堆反应性的影响较大，功率变化不均匀；

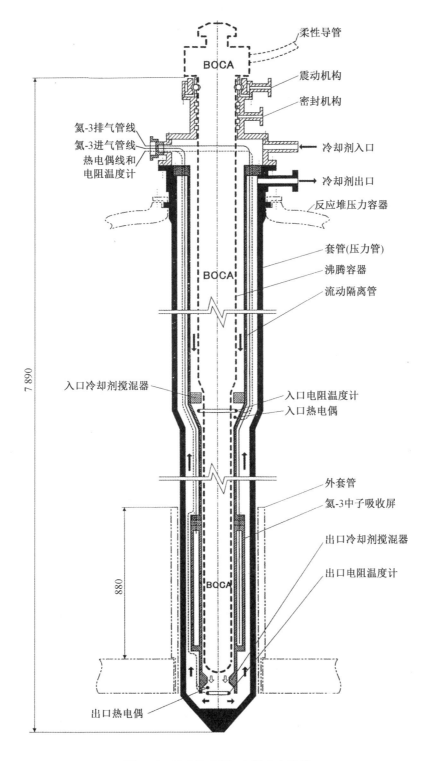

图 5 - 9　JMTR OSF - 1 堆内实验管

这些瞬态实验装置试验段燃料功率调节方法在荷兰高通量堆(HFR)、俄罗斯 MIR 等研究堆上得到了应用,但是目前公认的最先进的瞬态实验段燃料功率的调节方法是利用氦 – 3 中子吸收屏。欧洲核研究中心的 MOL、Studsvik、Halden,日本 JMTR 等均设计建造了氦 – 3 中子吸收屏,并进行了高性能燃料棒堆内瞬态实验。

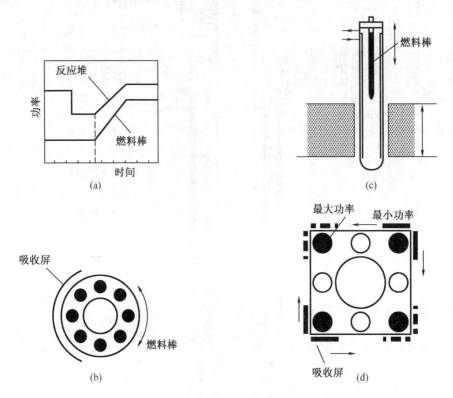

图 5 – 10　堆内瞬态实验实验段的功率控制方法

(1)氦 – 3 中子吸收屏用途

氦 – 3 是中子吸收体,通过氦 – 3 压力的变化来改变实验段燃料棒周围的热中子注量率,实现燃料棒功率的变化,进行燃料棒功率跃增、功率循环和负荷跟踪的瞬态实验。

(2)氦 – 3 中子吸收屏的设计特征

两个同心管之间的环形间隙充有高浓度氦 – 3 气体(99.95%),利用氦 – 3 压力的改变使燃料棒功率变化,氦 – 3 压力和燃料棒线功率之间的关系见图 5 – 11。

氦 – 3 在堆内辐照后产生氚(Tritium),氦 – 3 气流通过热泵循环,少量氦 – 3 气流通过氚捕捉器(tritium trap),氚捕捉器除去氚。

氦 – 3 中子吸收屏主要设计参数见表 5 – 26。

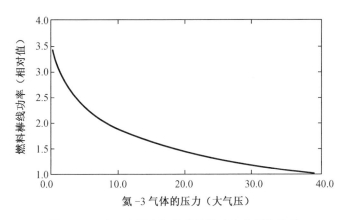

图 5 - 11　氦 - 3 压力与燃料棒线功率之间的关系

表 5 - 26　氦 - 3 中子吸收屏主要设计参数

名称	单位	参数
氦 - 3 压力变化范围(range of ^{3}He pressure variation)	MPa	0.15 ~ 4.02
氦 - 3 环形间隙(thickness of annular ^{3}He gap)	mm	2 ~ 5
氦 - 3 屏内径(inside diameter of ^{3}He screen)	mm	30 ~ 50
功率脉冲系数(power pulse factor)		1.5 ~ 2.5
最大功率递升速率(max power ramp rate)	W/(cm · min)	900
高功率停时间(terminal power holding time)	min ~ h	15 min ~ 24 h
最高线功率(max terminal power)	W/cm	600 ~ 700
最大功率循环次数(max power cycling number)	N	600 ~ 1 000
实验燃料(test fuel)		UO_2,Gd_2O_3,MOX
实验燃耗(test burn-up)	MW · d/t	50 000 ~ 60 000

(3)氦 - 3 中子吸收屏瞬态实验过程(图 5 - 12)

①预辐照

燃料棒预辐照一般在电站中进行,积累燃耗 50 000 ~ 60 000 MW · d/tU。

②预调节

燃料棒在实验装置中,利用氦 - 3 屏将燃料棒功率控制在预辐照功率水平运行几个小时。预调节期间,氦 - 3 吸收屏内压力是最大值。

③燃料棒功率标定

利用 CCD 装置温差、流量仪表指示值标定燃料棒功率,同时也标定压力容器中的自给能中子探测器。

④燃料棒瞬态实验

实验堆、PWC、VNS、CCD 运行正常,可进行瞬态实验,接通电磁阀、氦 - 3 压力由最高值迅速降至 0.15 MPa,时间约 20 s。功率从预调节水平在短时升至最高功率水平。

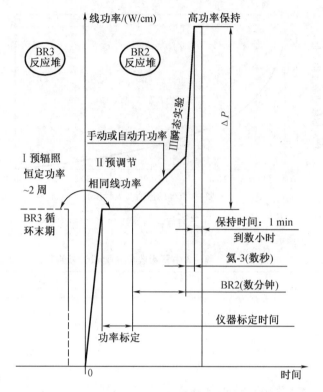

图 5 – 12　MOL BR – 2 高燃耗典型瞬态实验曲线

⑤高功率保持

根据瞬态实验的要求决定高功率保持时间,一般保持几分钟到几小时。

⑥实验结束

实验需 2 ~ 3 天,准备 2 ~ 3 天,总计一周左右。

经过瞬态实验的燃料棒如图 5 – 13 所示,主要现象如下:

①中心部位 UO_2 晶粒长大并肿胀,使碟形间隙减少;

②由于裂变气体 Xe、Kr 的释放,使间隙热导降低;

③在环脊处有挥发性裂变产物(I,Cs),产生碘致应力腐蚀开裂。

图 5 – 14 为不同压水堆的燃料棒经功率瞬态实验(A 类和 B 类瞬态试验模式)后的最高线功率破坏阈值曲线随燃耗的变化关系。该阈值曲线包络了瞬态试验中发生破损的燃料棒的最高功率,可为压水堆燃料的设计和安全分析、压水堆运行规程或事故管理规程的制定提供重要参考。

(4)氦 – 3 中子吸收屏主要设备

氦 – 3 中子吸收屏堆外部分有快速储存罐,容积 6 L 和 50 L 各一个,用于接收从堆内氦 – 3 中子吸收屏排出来的氦 – 3。弹簧箱式氦 – 3 加压器,用氮气增压使氦 – 3 中子吸收屏加压,材料为 SS304,厚度 0.1 ~ 0.2 mm,焊接成形,容积 45 L,内装弹簧箱移动位置指示器,指示移动位置同时指示出氦 – 3 压力值。弹簧箱直径 350 mm,弹簧箱寿命 100 000 次,氦 – 3 瓶储存氦 – 3,尺寸 $\phi100 \times 300$ mm。氦 – 3 系统运行参数见表 5 – 27。

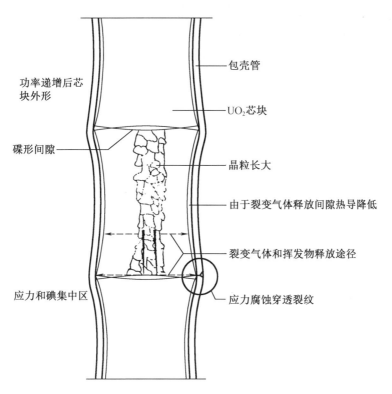

图 5 – 13　功率递增后燃料棒 PCI 破坏机理

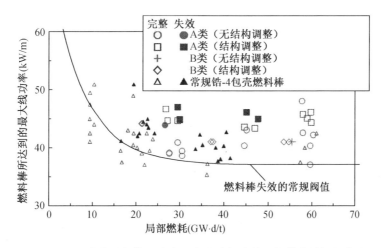

图 5 – 14　压水堆燃料棒经功率瞬态实验得出的燃料棒失效阈值曲线

氦-3循环器也称热泵,使氦-3气流脉动地通过氚捕捉器进行除氚。氦-3循环器外形尺寸为$\phi 120 \times 108$ mm,氦-3容器$\phi 72 \times 108$ mm,内装两个不锈钢弹簧箱,中间有一不锈钢隔板并与弹簧箱焊接,用螺钉与容器筒固定,上下有容器端盖,内置三个弹簧密封的球形阀,可单向打开,容器筒外有两个交替加热的加热器,使球阀两侧氦-3温度不同,产生压差,当压差达到一定值时,球阀打开,使氦-3脉冲式流动进入氚捕捉器进行除氚处理,加压器电压15 V,电流5~6 A,加热3 s,停9 s,温度200 ℃,氦-3流量最大135 cc/min。

氚捕捉器(tritium trap)也叫氚阱,氦-3系统运行时,每天可产生氚60 Ci,一年可产生6000 Ci,所以必须将氚从氦-3中分离出来。将氦-3气流引入氚捕捉器中,带孔管插入海绵钛或TiO_2氚吸附剂中,氦-3气流缓慢流过吸附剂,氚被吸附剂吸收。吸附剂装在圆筒中,外有加热线圈,电压30 V,电流5~7 A,加热温度430 ℃,加热至434 ℃自动停止加热,当温度降低至405 ℃自动加热,外有石棉保温材料,最外层有外容器,两端有螺旋冷却器和阀门。

表5-27 氦-3系统运行参数

名称	单位	参数
运行压力(operating pressure)	MPa	0.03~4
设计压力(designing pressure)	MPa	4.5
氦-3流量(^{3}He flow rate)	cc/s	1~2
运行温度(operating temperature)	℃	<40
氦-3气体浓度(^{3}He gas concentration)	%	99.95
氦-3容积(^{3}He gas volume)	L	~50
氦-3浓度(^{3}He concentration in gas screen)		
运行压力(operating pressure)	MPa	0.03~0.2
入口(inlet of ^{3}He gas screen)	μCi/cc	3-40
出口(outlet of ^{3}He gas screen)	μCi/cc	0.1~0.8
氦-3反应率(^{3}He(n,p)^{3}H reaction rate)	Ci/d	60

整个氦-3系统堆外部分全部设备放置在手套箱中,手套箱维持负压,防止氚向环境泄漏。系统氦-3泄漏率$<10^{-7}$cc/s。管路是双层不锈钢管,外径5~6 mm,内径2 mm。MOL BR-2堆氦-3中子吸收屏见图5-15。

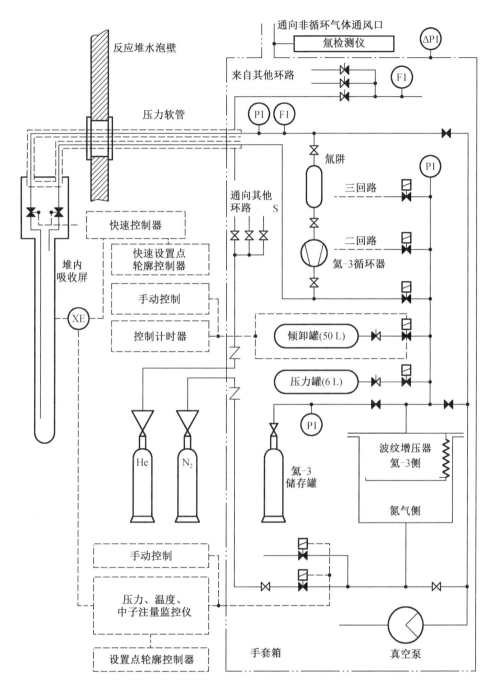

图 5 – 15　MOL BR – 2 堆瞬态实验装置的氦 – 3 回路系统

5.5　堆芯仪表和堆内测量技术

西方核技术发达国家核研究中心于 20 世纪 60 年代开始堆芯仪表和堆芯测量技术研究和发展。在高温、高压和高辐射环境下测量考验燃料棒的功率、燃料及包壳温度、燃料及包壳变形、裂变气体的内压和在线测量裂变气体化学成分等。相继研究和发展了各种堆芯仪表,设计和制造了仪表化堆内考验组件(instrumented fuel assembly, IFA)。挪威哈尔顿(Halden)核研究中心在欧洲经济合作和发展组织(Organization for Economic Cooperation and Development, OECD)支持下,在重水沸水堆(HBWR)上开展各种堆内仪表化考验组件的研究和发展工作。到 20 世纪 90 年代初,在 HBWR 堆上已辐照 800 多个仪表化考验组件,许多核国家的燃料(UO_2, Gd_2O_3, MOX)堆内性能研究都在 HBWR 堆上进行或利用 Halden 的堆芯传感器和堆芯测量技术进行燃料堆内性能研究。

中国原子能科学研究院从 20 世纪 80 年代开始堆芯仪表和堆芯测量技术研究,先后研制了高温 W – Re 热电偶、膜片式压力传感器、差动变压器深测量传感器、涡轮流量计和 γ 温度计,并开展堆内辐照实验,建立了堆芯测量实验室和传感器堆外高温刻度装置,为开展压水堆燃料堆内性能试验打了基础。

5.5.1　堆芯仪表和堆内测量涉及的相关技术

堆芯仪表是在高温、高压和高辐照条件下测量燃料棒的性能数据,灵敏度要求很高。

(1)自给能探测器

灵敏度 $10^{-22} \sim 10^{-21} A \cdot cm^2 \cdot s^{-1}$;输出信号 $10^{-7} \sim 10^{-6}$ A。

(2)高温热电偶:灵敏度 18 ~ 20 $\mu V/℃$;输出信号:20 ~ 35.3 mV;测量范围 1 000 ~ 2 000 ℃。

(3)变形传感器输出信号:200 ~ 300 mV,测量范围 0 ~ 5 mm。

(4)膜片式压力传感器:灵敏度 0.01 ~ 0.03 MPa;测量范围 0 ~ 9.8 MPa。

堆芯仪表和堆内测量涉及下列相关技术:

(1)微电流、弱电压测量技术;

(2)传感器及电缆引线耐高温、高压,耐辐照,包壳材料用因科镍(GH30);

(3)探头及引线绝缘电阻大于 10^8 Ω;一般用耐辐照、耐高温陶瓷材料 Al_2O_3, MgO_2, BeO 等;

(4)传感器和引线在高温、高压条件下工作必须解决高温、高压密封技术,材料为柔性石墨、高温钎焊等;

(5)传感器材料采用钨合金(W – 3% Re, W – 25% Re; W – 5% Re, W – 26% Re)包壳材料 $\phi 1.6$ 钽管;压力传感器膜片材料为铂片,厚度为 0.02 mm ~ 0.03 mm,特殊耐高温、耐腐蚀材料;

(6)传感器尺寸 $\phi 1.0$ mm ~ $\phi 10$ mm,属于精密机械加工。

传感器使用条件苛刻,测量精度要求高,制造难度大,属于核科学与技术的高科技领域。开展压水堆燃料性能研究必须发展堆芯传感器和堆芯测量技术。

5.5.2　温度测量

温度测量包括冷却剂温度、包壳温度测量,芯块表面温度和中心温度测量,用于测定考验燃料棒功率,研究燃料棒的间隙热导、UO_2 芯块热导率和 UO_2 的熔点。特别在高燃耗下 UO_2 芯块开裂和大量裂变产物产生都影响 UO_2 燃料熔点和热导率,是当前燃料堆内性能研究课题之一。

1. 冷却剂温度和包壳温度测量

利用铠装 NiCr/NiAl 热电偶可测量冷却剂温度和包壳温度。热电偶直径 0.2 ~ 1.0 mm,包壳材料为因科镍,氧化铝绝缘电缆引线长度 10 ~ 14 m,热电偶丝直径 0.18 mm,偶丝与包壳间电阻要大于 100 MΩ。

冷却剂温度和包壳温度测量有两个技术难题:第一是如何将热电偶固定在燃料棒内外表上,又不破坏燃料棒表面的完整性;第二是高温高压下电缆引线密封,国外采用高温钎焊,我国采用柔性石墨密封。

热电偶在燃料棒表面的固定,国外发展特殊的方法:高温珠形钎焊,焊料为 Zr5% Be 合金,钎焊温度 950 ℃,测点见图 5 – 16(a),热电偶直径 0.2 ~ 0.3 mm,偶丝材料为 NiCr – NiAl,包壳材料为因科镍。燃料棒包壳内表面开槽,将铠装热电偶嵌入槽中,再用专门工具将热电偶固定,槽是拉出来的,测量点断面见图 5 – 16(b)。

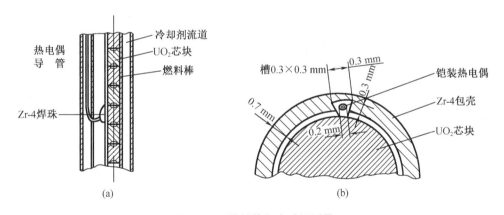

图 5 – 16　燃料棒包壳壁温测量

测量燃料棒的包壳壁温是为了研究间隙热导,寿期内间隙热导受下列因素的影响:

(1) 燃料重定位(fuel outward relocation);

(2) 燃料热开裂(fuel thermal cracking);

(3) 燃料包壳塑性和蠕变变形(plastic and creep deformation of fuel and cladding);

(4) 燃料密实和肿胀(fuel densification and swelling);

(5) 燃料棒中裂变气体积累(the buildup of fission gases in the interior of fuel rods)。

2. 燃料中心温度测量

(1) 高燃耗下(60 000 MW·d/tU),UO_2 热性能发生变化如下:

① UO_2 基体溶解和沉积固体裂变产物,Mo(钼),Ru(钌),铑(Rh),钯(Ph);

②形成新的氧化物,钇(Y),铌(Nb),锆(Zr);

③形成边缘区效应,其特征小气孔、小晶粒(< 1 μm)孔隙率高达30%,燃耗高,Pu 增加,占芯块体积4% ~8%;边缘占燃料体积的10%,形成一个热阻层;

④化学剂量发生变化形成 U_9O_4;

⑤芯块开裂,特别环向出现了裂纹及燃料重定位,降低 UO_2 热导率。

高燃耗下 UO_2 芯块内燃耗径向分布特征见图 5 - 17,UO_2 芯块边缘区微观特征见图 5 - 18。图 5 - 19 是 UO_2 芯块辐照后出现的开裂。

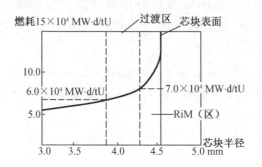

图 5 - 17　芯块平均燃耗 6.0×10^4 MW · d/tU 燃耗分布曲线

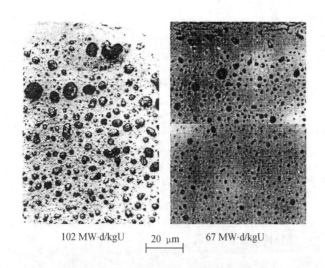

102 MW·d/kgU　　20 μm　　67 MW·d/kgU

图 5 - 18　高燃耗 UO_2 微观结构

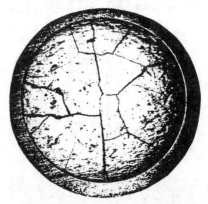

图 5 - 19　辐照后 UO_2 芯块金相照片

(2)高燃耗下对 UO_2 热导率进行修正:

1996 年 Lucuta 辐照 UO_2 热导率主要考虑燃耗的影响,受溶解和沉积固体裂变产物、孔隙率和裂变气体气泡、化学剂量偏差和辐照损伤四个因素的影响,辐照后热导率表达式 λ 为

$$\lambda = K_{1d} \cdot K_{2p}K_{1p} \cdot K_{4r} \lambda_0 \tag{5 - 12}$$

其中,λ_0 未辐照 UO_2 Harding 公式(500 ~2 847 ℃)

$$\lambda_0 = \frac{1}{0.0375 + 2.165 \times 10^{-4} T} + \frac{4.715 \times 10^9}{T^2} \exp\left(-\frac{16\,361}{T}\right) \quad (5-13)$$

式中　T——UO_2 温度,K;

　　　K_{1d}——溶解(dissolved)裂变产物影响系数;

　　　K_{1p}——沉积(precipitated)固体裂变产物的影响系数;

　　　K_{2p}——孔隙率(pore)和裂变气体气泡(fission gas bubbles)影响系数;

　　　K_{4r}——UO_2 辐照损伤(radiation damage)对 UO_2 基体影响系数。

在燃耗为 6% 时,不同辐照 UO_2 燃料热导率计算温度与实验测量温度偏差比较见图5-20。

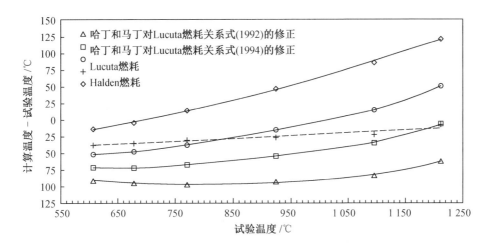

图 5-20　不同辐照 UO_2 热导率计算温度与测量温度偏差比较

用 W-Re 高温热电偶测量燃料中心温度,热电偶为 $\phi 1.6$ mm 钽包壳、BeO 绝缘材料、铠装电缆线 NiCr/NiAl,有效工作温度在 2 000 ℃ 以下。偶丝与包壳之间电阻大于100 MΩ。电缆引线($\phi 1.0$ mm)用钎焊方法与上塞头连接。电缆包壳和燃料包壳是锆合金时,可用 Zr5% Be 钎焊。UO_2 芯块可在冷冻状态下钻孔或用激光束钻孔,孔径 $\phi 1.8$ mm,热结点与 UO_2 孔底端保持一定的轴向间隙(间隙 3~5 mm),以便使热电偶在高温时能自由膨胀。

图 5-21 为仪表化燃料棒,用于燃料中心温度的测量。

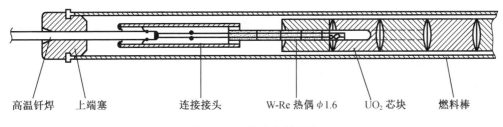

高温钎焊　　上端塞　　　　　连接接头　　　W-Re 热偶 $\phi 1.6$　　UO_2 芯块　　　燃料棒

图 5-21　仪表化燃料棒

5.5.3 裂变气体内压测量

在燃料模型研究中,裂变气体释放过程非常重要,特别是高燃耗下裂变气体释放与燃耗、燃料中心温度及功率和功率瞬态变化有关。用于裂变气体内压测量的传感器有膜片式和弹簧箱式压力传感器两种。

1. 膜片压力传感器

利用气体平衡法,直接测量燃料棒内气体内压,中间有膜片隔离裂变气体和平衡气体,压力传感器直接焊在燃料棒上,并尽量减少自由空间。仪表化燃料棒和膜片式压力传感器见图 5 – 22,膜片式压力传感器主要性能参数见表 5 – 28。

表 5 – 28 膜片式压力传感器主要性能参数

名称	单位	参数
传感器体尺寸	mm	$\phi15 \times 27$
灵敏度	MPa	0.03
工作温度	℃	350
测量范围	MPa	0 ~ 10.0
膜片材料		恒弹合金片、铂片
热循环次数	次	10^5
膜片厚度	mm	0.03 ~ 0.08
焊接方法		电子焊

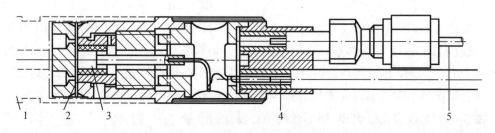

1—燃料棒;2—膜片;3—电触点;4—单芯电缆;5—平衡气体压力导管。

图 5 – 22 仪表化燃料棒:膜片式压力传感器

膜片式压力传感器的关键技术是膜片的寿命,电结点结构设计要合理。瞬态裂变气体内压测量利用弹簧式压力传感器,灵敏度更高。

2. 弹簧箱式压力传感器

利用弹簧箱压力传感器和差动变压器测量燃料棒裂变气体内压,不锈钢弹簧箱内充气压力为 1.0 MPa,外部压力为 3.0 MPa,当裂变气体压力升高时,弹簧箱被压缩带动铁芯移动可指示压力变化值,弹簧箱式压力传感器见图 5 – 23。

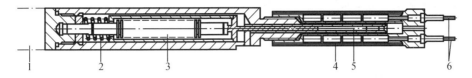

1—燃料棒;2—压紧弹簧;3—弹簧箱;4—差动变压器;5—铁芯;6—双芯同芯电缆。

图 5 – 23 弹簧箱式压力传感器

5.5.4 燃料棒变形测量

燃料在堆内辐照过程中,UO_2 会发生密实和肿胀,锆包壳会发生径向(环脊)和轴向变形,利用差动变压器可测量 UO_2 堆积高度和燃料棒的径向、轴向变形,差动变压器直接装在燃料棒上,一次线圈和二次线圈都绕在同一公共轴上,初级线圈通以交流电流,铁芯与燃料棒相连,当燃料棒和 UO_2 芯块变形时,可带动铁芯移动,在二次线圈上产生感应电压,其值大小与燃料棒变形成正比。线圈要耐辐照耐高温,用陶瓷绝缘线或白金丝铠装线。

1. 燃料棒轴向伸长测量

在堆内辐照过程中,由于锆合金的辐照伸长和芯块与包壳相互作用,燃料棒一般有 $0.1\% \sim 0.3\%$ 轴向伸长,带有伸长传感器的仪表化燃料棒见图 5 – 24。

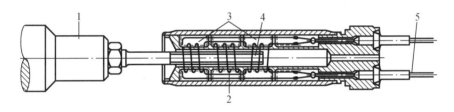

1—燃料棒端塞;2——一次线圈;3—二次线圈;4—铁芯;5—双引线同芯电缆。

图 5 – 24 燃料棒轴向伸长传感器

2. 燃料棒 UO_2 芯块堆积高度测量

图 5 – 26 为燃料芯块堆积高度测量传感器,铁芯装在燃料棒包壳中,芯块变形可带动铁芯移动,二次线圈可给出感应信号,其大小正比于铁芯轴向移动位移。

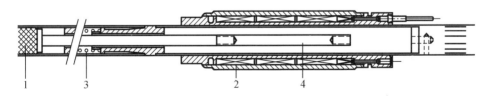

1—燃料堆积高度端部芯块;2—差动变压器;3—压紧弹簧;4—铁芯。

图 5 – 25 燃料芯块堆积高度测量传感器

3. 燃料棒直径测量传感器

在高燃耗情况下 UO_2 芯块会发生肿胀,燃料棒直径增加,UO_2 芯块端部畸变导致包壳出现环脊。利用差动变压器沿燃料棒轴向移动,测量触点可响应燃料棒直径变化,磁性板与二次线圈间的距离也发生变化,感应信号反映燃料棒直径变化。燃料棒直径测量传感器见图 5 – 26。

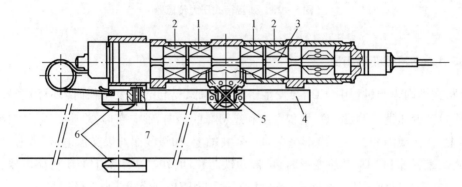

1——次线圈;2—二次线圈;3—磁性线圈架;4—磁性板;5—悬吊板;6—测量触点;7—燃料棒。

图 5 – 26　燃料棒直径测量传感器

5.5.5　燃料棒功率测量

考验燃料功率测量是很重要的,直接影响燃料性能数据,如燃耗、温度、裂变气体释放的准确性。

1. 利用自给能探测器(self-powered neutron detector,SPND)测量热中子注量

常用的自给能中子探测器及其性能如表 5 – 29 所示。

表 5 – 29　常见的自给能中子探测器及其性能参数

发射体材料	发射体长度/mm	热中子灵敏度 A/nV	响应时间/min	绝缘电阻(450 ℃)	精度/%
铑 ^{103} Rh	$\phi 1 \times 100$	2.16×10^{-20}	3	$>10^8$ Ω	±1.5
钒 ^{51} V	$\phi 1 \times 300$	4.8×10^{-21}	15	$>10^8$ Ω	±10.0
钴 ^{59} Co	$\phi 2 \times 177$	5.3×10^{-21}	瞬时间	$>10^8$ Ω	

自给能探测器工作原理(以钒探测器为例):

$$^{51}V + n \rightarrow {}^{52}V + \beta (M_e = 2.6 \text{ MeV})(T_{\frac{1}{2}} = 3.76 \text{ min})$$

自给能中子探测器结构见图 5 – 27,^{51}V 吸收中子后,发射 β 射线(负电子)由电缆引出微电流,经放大器放大可给出信号。

2. 利用 γ 温度计测量燃料棒功率

将 γ 温度计(gamma thermometers)布置在燃料棒附近,测量燃料棒裂变时产生的瞬发 γ,温度信号的大小反映燃料棒裂变功率的大小,并有较好的线性关系,根据热传导方程有

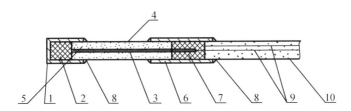

1—镍套管帽;2—Al_2O_3 绝缘柱;3—钒丝;4—管壁(接收极);5—MgO_2 绝缘层;

6—镍套管;7—Al_2O_3 绝缘块;8—钎焊缝;9—双芯镍电缆;10—镍铠装引线。

图 5 - 27　自给能中子探测器结构

$$\Delta T = \frac{A \cdot G_r}{B \cdot K_s + CK_g} \qquad\qquad (5-14)$$

式中　G_r——γ 发热率,W/g;

　　　A,B,C——与 γ 温度计结构有关的常数;

　　　K_s,K_g——发热体材料和填充气体热导率;对不锈钢 $K_s = 0.18$ W/(℃·m);对空气
$K_g = 0.04$ W/(℃·m);

　　　$\Delta T = T_h - T_0$,发热体温度与热阱温差,℃。

　　γ 温度计结构见图 5 - 28。γ 温度计由 γ 发热体、包壳、热电偶、传导热阱等组成,发热体与热阱产生稳定的温差正比于燃料棒裂变功率。

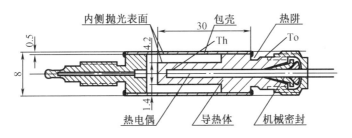

图 5 - 28　γ 温度计结构

3. 高温涡轮流量计

　　利用高温涡轮流量计和热电偶可测量堆内考验组件的流量和温差,从而计算出考验组件的热功率。高温涡轮流量计结构和刻度曲线见图 5 - 29,由导磁性转子、外壳和感应线圈组成,当冷却剂流经转子时,转子高速转动,在线圈中感应出信号频率的大小正比于冷却剂流量。转子轴承为石墨,线圈为陶瓷绝缘。

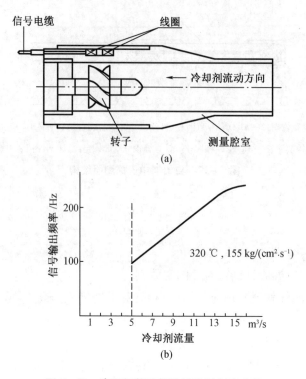

(a)

(b)

图 5 – 29 高温涡轮流量计结构及刻度曲线

第6章　压水堆燃料性能分析模型

6.1　燃料元件性能分析程序发展概况

燃料元件是反应堆的核心部件,其性能直接关系到反应堆的安全性和经济性,所以各个发展核电的国家或企业都非常重视核燃料元件性能的研究。

燃料元件性能研究的基本方法就是实验和理论相结合。通过大量堆内和堆外实验,获取燃料单个或综合物理现象的数据,再由这些数据建立各种数学模型,整合这些模型为计算机程序,再用实验数据来验证计算机程序。验证后的程序通过安全当局的认可,确定了适用范围后,方能提供给用户使用。程序开发者还要根据用户在使用过程中反馈的问题,对模型作出修正,进一步改进程序,经过新一轮的实验验证之后,再释放给用户使用。这样,在经过试验研究→模型研究→程序开发→实验验证→释放应用→试验研究的多次经验反馈过程,燃料元件性能分析程序的可靠性得到提高。

如图6-1所示,燃料元件性能分析程序中需要研究的物理现象非常复杂,对芯块而言,辐照引起燃料的密实、热膨胀、裂变气体的产生和释放,裂变产物(fission product,FP)引起芯块的肿胀、芯块的开裂和重定位,燃耗对 UO_2 熔点和芯块导热率的下降等物性参数的影响,等等;对包壳而言,有温度作用下包壳材料热膨胀、辐照环境下的吸氢和硬化、在高温高压以及辐照环境下产生的蠕变和损伤等物理现象;芯块和包壳接触后,则有芯块包壳之间的相互作用(pellet clad interaction,PCI)、包壳的内外压以及接触压力对包壳产生的变形和位移等物理现象。这些物理现象都要在燃料性能分析程序模型中加以描述,程序要对燃料棒在整个辐照寿期内的行为进行计算和评价,所以燃料元件性能分析程序在国际上也叫作燃料元件行为分析程序。

20世纪90年代以来,随着核电站燃耗不断提高,换料周期延长,研究高燃耗下元件的性能、开发高燃耗燃料元件性能分析程序成为核燃料领域的主要趋势,各国早期开发的分析程序都纷纷进行高燃耗分析模型研究和程序改进。为配合高燃耗分析程序研发,国际原子能机构(IAEA)连续组织了 FUMEX-Ⅰ和 FUMEX-Ⅱ等国际合作计划,利用国际上高燃耗的试验数据验证各国开发的高燃耗分析程序。

国际上比较著名的燃料元件性能分析程序包括美国核管理委员会(USA.NRC)早期开发的稳态分析程序 FRAPCON-2。近年来 FRAPCON-2 程序在分析 UO_2 燃料的基础上,增加了分析 MOX 燃料、含钆燃料以及铀-钍燃料的新功能,还增加了模块分析高燃耗下燃料

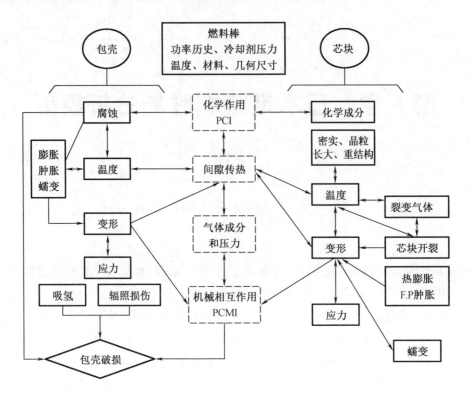

图 6 - 1   燃料元件行为分析中需要考虑的物理现象及关系

元件的性能,程序版本升级为 FRAPCON - 3。有关 UO_2 燃料、MOX 燃料、含钆燃料、铀 - 钍燃料以及包壳材料的物理、热工和力学的材料物性数据汇编成 MATPRO - 11 数据库。MATPRO 汇集了世界上燃料和包壳材料的试验结果,详细给出每一种材料物性模型的实验数据基础、拟合过程和计算机子程序。MATPRO 不但能应用于燃料元件性能分析程序,还应用于其他大型热工水力和安全分析程序中。

德国开发的 TRANSURANUS 程序,用于分析欧洲核电厂燃料性能。法国 CEA 在 TRANSURANUS 程序的基础上,开发了 METEOR 程序,经过大量高燃耗实验数据的校验,该程序适合高燃耗燃料元件性能分析,对高燃耗下裂变气体的预测比较准确。法国法马通公司开发的 COCCINEL 程序,是法国燃料组件设计部门使用的设计程序,计算速度很快,设计人员使用起来很方便。

日本原子能研究所开发了 FEMAXI 程序。该程序力学模型采用轴对称二维有限元法计算芯块 - 包壳机械相互作用(PCMI),适用于分析 PCMI 效应。该程序最新版本 FEMAXI - IV 可用于高燃耗下燃料元件的性能分析。

现在国际上已经开发了十几种类似的程序,如英国的 ENIGMA 程序,比利时的 COMETHE 程序等,虽然各程序都有自己的一些特点,但基本模型是相似的。各国开发燃料元件性能分析程序各有优势,如日本的 FEMAXI 程序在分析芯块和包壳机械相互作用方面具有一定优势,可计算出包壳局部的峰值应力;法国的 METEOR 程序则在高燃耗下芯块边缘特殊结构中的裂变气体释放模型较为完善,对高燃耗下燃料的裂变气体释放的计算比较准确。

本章将重点介绍燃料元件性能分析程序中较为通用的热工和力学分析模型。

6.2　燃料元件性能分析程序结构简介

图 6-2 为燃料元件稳态性能分析程序的计算流程图。程序首先读入输入数据,这些输入数据包括:燃料棒及子通道几何尺寸、热工水力参数、燃料棒功率历史,然后开始取一定的时间步长计算燃料棒冷却剂的轴向温度分布,接着由冷却剂温度开始由外向内计算燃料棒径向的温度分布,径向温度收敛后计算应力和变形,整个燃料棒轴向分段的裂变气体释放和燃料棒内气体压力收敛后进入下一个时间步长的计算。

计算由多套循环迭代才能完成。由于温度与变形相互影响,经过反复迭代,连续两次迭代的温度误差小于收敛准则,则停止迭代,进行下一步计算,同样两次连续迭代计算的内压之间误差小于收敛准则。在计算最后一个时间步长后,有的性能分析程序还进行包壳破损概率分析,有的程序还要进行不确定度的计算和分析。

6.3　稳态温度场计算模型

6.3.1　冷却剂温度计算

温度计算时做以下假设:

(1)忽略燃料棒和冷却剂的轴向热传导;

(2)忽略燃料棒周向热传导;

(3)在给定的时间步长 Δt 上边界条件为常量(稳态);

(4)燃料棒为周围由冷却水包围的正圆柱体(轴对称)。

燃料元件中温度分布见图 6-3。燃料棒由内向外分别为燃料芯块、燃料表面、包壳内表面、包壳外表面、氧化膜外表面和冷却剂流道。

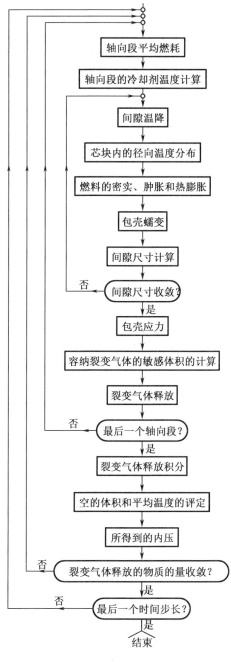

轴向段平均燃耗

轴向段的冷却剂温度计算

间隙温降

芯块内的径向温度分布

燃料的密实、肿胀和热膨胀

包壳蠕变

间隙尺寸计算

间隙尺寸收敛? 否

是

包壳应力

容纳裂变气体的敏感体积的计算

裂变气体释放

最后一个轴向段? 否

是

裂变气体释放积分

空的体积和平均温度的评定

所得到的内压

裂变气体释放的物质的量收敛? 否

是

最后一个时间步长? 否

是

结束

图 6-2　燃料元件行为分析程序计算流程

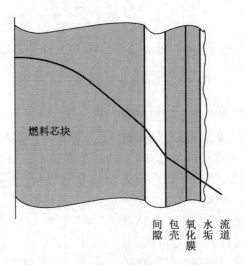

燃料芯块

间 包 氧 水 流
隙 壳 化 垢 道
　　 膜

图 6 - 3　燃料元件温度分布示意图

　　稳态下的温度计算则是由冷却剂流道开始由外向内进行的。如图 6 - 4 所示,首先将燃料棒沿轴向分成若干段,每段中截面代表该段,为一轴向节点。沿径向分成若干个同心圆环,环与环的界面为一个径向节点。

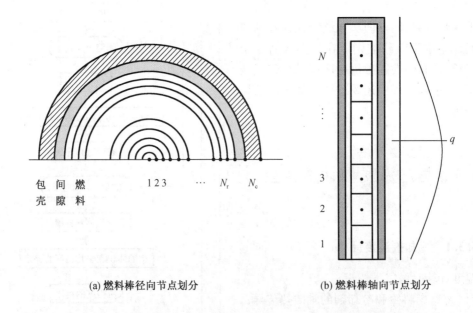

(a) 燃料棒径向节点划分　　　　　　　　　　　(b) 燃料棒轴向节点划分

N_r、N_c 分别为芯块和包壳的节点数;N 为轴向节点数;q 为轴向线功率分布

图 6 - 4　燃料棒轴向、径向节点划分示意图

　　已知燃料棒直径为 $D_e(\text{m})$,燃料棒间距为 $P(\text{m})$,燃料棒轴向线功率 $q_1(\text{W/m})$ 是轴向高度 $z(\text{m})$ 的函数,即 $q_1(z)$,冷却剂入口温度为 $T_{in}(k)$,冷却剂入口流速为 $v(\text{m/s})$,冷却剂密度 $\rho(\text{kg/m}^3)$ 和比定压热容 $C_p(\text{J}/(\text{kg}\cdot\text{K}))$ 是温度 $T(k)$ 的函数,即 $\rho(T)$、$C_p(T)$。则冷却剂流道面积为

$$A = P^2 - \frac{\pi}{4}D_c^2 \tag{6-1}$$

流道内的质量流速 $G(\text{kg/s})$ 为

$$G = \rho(T_{in})vA = \rho(T_{in})v\left(P^2 - \frac{\pi}{4}D_c^2\right) \tag{6-2}$$

燃料棒释放的热量与冷却剂吸收的热量相等,即

$$\int_0^z q_1(z)\,\mathrm{d}z = \int_{T_{in}}^{T(z)} GC_P(T)\,\mathrm{d}T \tag{6-3}$$

轴向高度 z 处的水温为

$$T(z) = T_{in} + \int_0^Z \frac{q_1(z)}{GC_p(T)}\mathrm{d}z \tag{6-4}$$

燃料元件性能分析程序中的实际计算过程是分段进行的,轴向段数 N 就是轴向节点数,轴向端点数则为 $N+1$。所以,每一轴向段平均水温取该轴向段两个端点水温的平均值。

如第一轴向段的起始端点水温是入口温度 T_{in},另一个端点水温为 T_1^+,该轴向段水的平均温度为 T_1,计算过程如下:

先设 $T_1 = T_{in}$,得

$$T_1^+ = T_{in} + \frac{q_1(z)\Delta z}{GC_p(T_1)} \tag{6-5}$$

再取 $T_1 = \frac{1}{2}(T_{in} + T_1^+)$,由式(6-5)再计算出新的 T_1^+,如此迭代直到 T_1 收敛,再以同样的方法计算下一个轴向段水温。

6.3.2 燃料棒外表温度(包壳外表温度)

压水堆冷却剂流道的换热形式为强迫对流,其中燃料棒表面与冷却剂之间的换热系数 h_f 由 Dittus - Bolter 传热模型计算,即

$$h_f = (0.023\,K_w/D_e)Re^{0.8}Pr^{0.4} \tag{6-6}$$

式中 K_w——水的导热系数,W/(m·K);

    D_e——流道加热当量直径,m,$D_e = \dfrac{4A}{U}$,A 为流道截面积,m^2,U 为流道截面加热周长,m;

    Re——雷诺数;

    Pr——普朗特数。

这样,冷却剂与水垢表面的膜温降为

$$\Delta T_1(z) = \frac{q_1(z)}{\pi D_c h_f} \tag{6-7}$$

式(6-7)中仍使用包壳的外径 D_c,原因是稳态运行工况下,水垢厚度 δ_{cr} 和包壳氧化膜厚度 δ_0 引起的直径上的变化值与原来的直径值 D_c 相比可以忽略不计。若冷却剂发生泡核沸腾,那么由此引起的温降采用 Jens - Lottes 传热模型进行计算:

$$\Delta T_1 = 22.65\left[\frac{q_l(z)}{10^6}\right]^{0.5}\exp\left(-\frac{P_{co}}{8.7}\right) \tag{6-8}$$

式(6-8)中,P_{co} 为冷却剂压力,MPa。实验条件为上升流动的轻水,$P_{co} = 0.7 \sim$

17.2 MPa;水温 $T_f = 115 \sim 340$ ℃;质量流密度 $G = 11 \sim 1.05 \times 10^4$ kg/(m² · s);管的内径 $D = 3.63 \sim 5.74$ mm;热流密度最大值为 12.5×10^6 W/m²。该公式只适用于轻水。

水垢和氧化膜的厚度虽然很小,但导热率却很低,所以水垢和氧化膜引起的膜温降还是要计算的。

设 K_{cr} 为水垢的导热率,水垢的厚度为 δ_{cr},则水垢引起的膜温降为

$$\Delta T_2(z) = \frac{q_1(z)}{\pi D_c} \frac{\delta_{cr}}{K_{cr}} \qquad (6-9)$$

FRAPCON – 2 程序将水垢分为下列两种情况进行处理:

(1)致密型水垢　在有表面沸腾和无表面沸腾下,均引起温度降。

(2)疏松型水垢　表面沸腾时不引起温降,无表面沸腾时引起温降。

设 K_0 为氧化膜的导热率,则氧化膜引起的膜温降为

$$\Delta T_3(z) = \frac{q_1(z)}{\pi D_c} \frac{\delta_0}{K_0} \qquad (6-10)$$

因此,轴向高度 z 处包壳外壁温度 $T_{co}(z)$ 为

$$T_{co}(z) = T(z) + \Delta T_1(z) + \Delta T_2(z) + \Delta T_3(z) \qquad (6-11)$$

6.3.3　包壳温降

包壳视为圆柱壳体,则包壳内壁到外壁的温降 $\Delta T_c(z)$ 为

$$\Delta T_c(z) = \frac{q_1(z)}{2\pi K_c} \ln\left(\frac{r_o}{r_i}\right) \qquad (6-12)$$

式中　r_o——包壳外半径,m;

$\quad\quad r_i$——包壳内半径,m;

$\quad\quad k_c$——包壳导热系数,W/(m · K)。

包壳内壁的温度 $T_{ci}(z)$ 为

$$T_{ci}(z) = T_{co}(z) + \Delta T_c(z) \qquad (6-13)$$

计算水垢、氧化膜和包壳的温升时,其热导率均采用各自平均温度下的热导率,所以燃料性能分析程序在计算这些温升时需要进行局部迭代,直至各自的平均温度收敛为止。

6.3.4　芯块与包壳的间隙温降

燃料芯块通过间隙向包壳传热的三种方式分别为间隙气体的热传导、接触传热和辐射传热。燃料性能分析程序一般将三种传热方式综合为一个间隙传热系数,然后再求出间隙中的温降,进而求出芯块表面温度。

1. 间隙气体传热系数

间隙气体的传热系数表达式为

$$h_{gas} = \frac{k_{gas}}{d + (g_1 + g_2)} = \frac{k_{gas}}{\Delta X} \qquad (6-14)$$

式中　d——实际间隙宽度,m;

$\quad\quad k_{gas}$ 为间隙气体的导热系数,W/(m · K);

$\quad\quad g_1 + g_2$——芯块表面和包壳内表面的温度跳跃距离,m;

$\quad\quad \Delta X$——等效间隙宽度,m。

在芯块－包壳间隙中,气体分子在固体表面与固体进行热交换时存在一个温度升高,用增加间隙宽度$(g_1 + g_2)$来等效该温升,这个增加的间隙宽度即为温度跳跃距离。FRAPCON－2中温度跳跃距离的计算关系式为

$$g_1 + g_2 = A \left[\frac{k_{gas} \sqrt{T_{gas}}}{P_{gas}} \right] \left[\frac{1}{\sum_i a_i f_i \sqrt{M_i}} \right] \tag{6-15}$$

式中　A——常数,取0.7816;

　　　k_{gas}——气体导热系数,W/(m·K);

　　　P_{gas}——气体压力,Pa;

　　　T_{gas}——气体平均温度,K;

　　　a_i——混合气体中第i种气体调整系数;

　　　M_i——第i种气体的分子量,kg/mol;

　　　f_i——混合气体中第i种气体的份额。

2.芯块－包壳接触面的传热系数

各国的性能分析程序对接触传热系数有不同的处理方法,FRAPCON－2程序中接触传热系数h_{solid}为

$$h_{solid} = \begin{cases} A k_m P_{rel}/(R \cdot E), & P_{rel} \geqslant 0.01 \\ 0.01 A k_m/(R \cdot E), & 0.001 < P_{rel} < 0.01 \\ A k_m (P_{rel})^{0.5}/(R \cdot E), & P_{rel} \leqslant 0.0001 \end{cases} \tag{6-16}$$

式中　P_{rel}——接触压力与包壳MEYER硬度的比值;

　　　$R = \sqrt{R_1^2 + R_2^2}$,R_1,R_2分别为考虑了粗糙度的芯块半径和包壳内壁半径,m;

　　　$E = \exp(-3.51 - 0.528 \ln(R_1))$;

　　　k_m——接触面平均导热系数,W/(m·K),且有$k_m = \dfrac{2 k_f k_c}{k_f + k_c}$,其中

　　　k_c——包壳导热系数,W/(m·K);

　　　k_f——芯块导热系数,W/(m·K)。

或者直接由下列经验公式计算接触传热系数:

$$h_{solid} = 0.038 + 0.017 P_{int} \tag{6-17}$$

式中,P_{int}为芯块与包壳的接触压力,MPa。

3.热辐射传热系数

灰体热辐射传递的净表面热流密度为

$$q'' = \sigma F [T_{fs}^4 - T_{ci}^4] \tag{6-18}$$

式中　$F = \dfrac{1}{\dfrac{1}{e_f} + \dfrac{r_{fs}}{r_{ci}} \left(1 - \dfrac{1}{e_c}\right)}$;

　　　σ——Stefan－Boltzman常数,$\sigma = 5.6697 \times 10^{-8}$,W/(m²·K⁴);

　　　e_f——芯块表面热辐射系数;

　　　e_c——包壳内表面热辐射系数;

　　　T_{fs}——芯块表面温度,K;

　　　T_{ci}——包壳内表面温度,K;

r_{fs}——燃料表面半径,m;

r_{ci}——包壳内表面半径,m。

设辐射传热系数为 $h_r(W/(m^2 \cdot K))$,则 $h_r(T_{fs} - T_{ci}) = \sigma F(T_{fs}^4 - T_{ci}^4)$,得辐射换热系数为

$$h_r = \frac{\sigma F(T_{fs}^2 + T_{ci}^2)}{T_{fs} + T_{ci}} \tag{6-19}$$

4. 间隙温降

(1)开间隙传热系数

间隙没有闭合时,间隙的平均传热系数为

$$H_{open} = h_{gas} + h_r \tag{6-20}$$

如果考虑芯块的偏置,如图6-5所示,则要求出偏置芯块的间隙平均传热系数。

将偏置的间隙划分为若干个小的区域,用线性插值法求出每个小区域中的间隙的平均宽度,再分别求出每一段间隙中的传热系数,然后求出一个整体间隙传热系数的平均值来代表偏置芯块的间隙传热系数,即

$$h_{gas} = \frac{k_g}{N} \sum_{n=1}^{N} \frac{1}{t_n + 3.2(R_F + R_C) + (g_1 + g_2)} \tag{6-21}$$

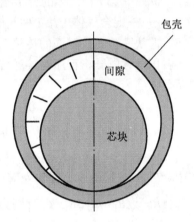

图6-5 间隙传热模型示意图

式中 N——周向分段数;

k_g——气体导热率,W/(m·K);

t_n——第 n 段间隙平均宽度,m;

R_f 和 R_c——芯块和包壳表面粗糙度,m;

g_1、g_2——芯块表面和包壳内表面的温度跳跃距离,m。

气体分子在固体表面与固体进行热交换时存在一个温度的升高,用增加间隙宽度的方式来获取等效的温升,这个增加的间隙宽度称为温度跳跃距离。

间隙局部平均宽度 t_n 求法:

$$t_n = \begin{cases} [(2n-1)/N]t_g, & t_g \leqslant 0.5 t_0 \\ t_g + 0.5 t_0[-1 + (2-1)/N], & t_g > 0.5 t_0 \end{cases} \tag{6-22}$$

式中,t_0——制造间隙宽度,m。

(2)闭间隙传热系数

间隙闭合后,芯块与包壳间的传热系数 h_{gap} 为上述三种传热系数之和,即

$$h_{gap} = h_{gas} + h_{solid} + h_r$$

(3)间隙温降 $\Delta T_{gap}(z)$ 为

$$\Delta T_{gap}(z) = \frac{q_1(z)}{\pi D_{c,f} h_{gap}}$$

式中的 $D_{c,f}$ 为间隙平均直径,即

$$D_{c,f} = \frac{1}{2}(D_{c,in} + D_f)$$

式中　$D_{c,in}$——包壳内表面直径，m；

　　　D_f——芯块表面的直径，m。

燃料元件性能分析程序计算间隙温降时，间隙气体导热率取间隙平均温度下的导热率，这就需要先假设一个芯块表面温度的值；同样，计算辐射换热系数时也需要先假设一个芯块表面温度值。所以，间隙温降的计算也需要进行局部迭代，直到假定的芯块表面温度值收敛为止。

6.3.5　燃料芯块的稳态温度场计算模型

沿柱状燃料元件的轴向任取长度为 Δz 的一短段，如图 6-6 所示，该轴向段的周围被相同条件的冷却剂环绕。设燃料的体积释热率 q_v 是常数，燃料芯块半径为 a，燃料热导率 k 为常数，包壳厚度为 c，其热导率 k_c 为常数，燃料芯块表面和包壳内表面之间的间隙为 δ_g。忽略燃料元件轴向 z 和轴向 θ 的导热，则该段燃料元件的导热只是径向一维稳态导热问题，对于芯块，其稳态导热方程可简化为

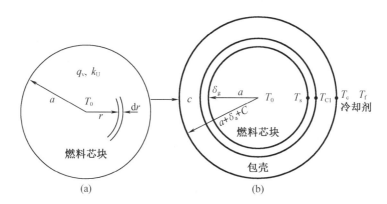

图 6-6　燃料芯块横截面与燃料元件横截面示意图

$$\frac{1}{r}\frac{\mathrm{d}}{\mathrm{d}r}\left(r\frac{\mathrm{d}T}{\mathrm{d}r}\right)+\frac{q_v}{k}=0 \qquad (6-23)$$

对方程（6-23）进行积分得到通解为

$$T(r)=-\frac{q_v}{4k}+C_1\ln r+C_2 \qquad (6-24)$$

设 T_0 为燃料芯块的中心温度，对芯块，其边界条件为

$$r=0,\frac{\mathrm{d}T}{\mathrm{d}r}=0$$

$$r=0,T=T_0 \qquad (6-25)$$

利用上述边界条件可以解得常数 $C_1=0$，$C_2=T_0$。再把 C_1、C_2 代入方程（6-24）得到柱状燃料芯块内温度分布函数为

$$T(r)=T_0-\frac{q_v}{4k}r^2 \qquad (6-26)$$

式（6-26）表明，燃料芯块中的温度分布是呈抛物线形分布的。

当 $r=a$ 时，由式（6-26）得出燃料芯块的表面温度 T_s 为

$$T_s = T_0 - \frac{q_v a^2}{4k} \tag{6-27}$$

设燃料棒单位长度的功率(线功率)为 q_1,也称为线功率(W/m),则 q_1 与 q_v 的关系为

$$\Delta z q_1 = q_v \pi a^2 \Delta z$$

则燃料棒线功率和燃料芯块体积释热率的关系式为

$$q_1 = q_v \pi a^2 \tag{6-28}$$

燃料芯块的热导率一般是温度的函数,即 $k(T)$。对于导热率较好的金属燃料采用平均温度下的导热率来计算温度场所引起的误差不会太大。但是压水堆燃料芯块为 UO_2 陶瓷芯块,其导热率较低,而且随温度变化范围较大。图 6-7 给出不同氧-铀比下的 UO_2 的热导率随温度变化的趋势,所以当取导热率为温度的函数时,上述柱状燃料元件芯块的温度计算会有所变化,这里仍然假设燃料芯块的体积释热率 q_v 是常数。

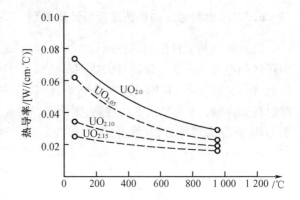

图 6-7　不同氧-铀比下的 UO_2 热导率随温度变化趋势

如图 6-6(a)所示,在芯块横截面上取一个半径为 r 的等温圆柱面,在单位时间内这个等温圆柱面导出的热量为 $\Delta Q(r)$,由傅里叶定律得

$$\Delta Q(r) = -k(T)2\pi r \Delta z \frac{\mathrm{d}T}{\mathrm{d}r} \tag{6-29}$$

在以 r 为半径的圆柱体的芯块释放出的总热量 $\Delta Q(r) = \Delta Q_r$,于是得

$$-k(T)2\pi r \Delta z \frac{\mathrm{d}T}{\mathrm{d}r} = q_v \pi r^2 \Delta z$$

进一步简化为

$$-k(T)\mathrm{d}T = \frac{1}{2}q_v r \mathrm{d}r$$

从 $r=0$ 到 $r=r$ 积分得

$$\int_T^{T_0} k(T)\mathrm{d}T = \frac{1}{4}q_v r^2$$

式中,T 是半径 r 处的温度,当 $r=a$ 时,$T=T_s$,所以有

$$\int_{T_s}^{T_0} k(T)\mathrm{d}T = \frac{1}{4}q_v a^2 \tag{6-30}$$

式中　T_0——柱状燃料芯块的中心温度;

　　　T_s——柱状燃料芯块的表面温度;

　　　q_v——燃料芯块的体积释热率,W/cm^3;

　　　a——芯块的半径,m;

　　　$\int_{T_s}^{T_0} k(T)\mathrm{d}T$ 称为积分导热率,W/m。

通常积分导热率的数据以表格的形式给出,因而可写成下列形式:

$$\int_{T_s}^{T_0} k(T)\,\mathrm{d}T = \int_0^{T_0} k(T)\,\mathrm{d}T - \int_0^{T_s} k(T)\,\mathrm{d}T \qquad (6-31)$$

因为燃料棒线功率 $q_1 = q_v \pi a^2 (\mathrm{W/m})$，式（6-30）可以写为

$$q_1 = 4\pi \int_{T_s}^{T_0} k(T)\,\mathrm{d}T \qquad (6-32)$$

由式（6-32）可以看出柱状燃料元件芯块的线功率 q_1 与积分热导率成正比。式（6-31）可以写为

$$\int_0^{T_0} k(T)\,\mathrm{d}T = \frac{q_1}{4\pi} + \int_0^{T_s} k(T)\,\mathrm{d}T \qquad (6-33)$$

一般已知 q_1 和芯块表面温度 T_s 的情况下，利用式（6-33）查表 6-1 可以求得燃料芯块的中心温度。

表 6-1　UO_2 燃料的积分导热率

$T/^\circ\mathrm{C}$	$\int_0^T k(T)\,\mathrm{d}T/(\mathrm{W/m})$	$T/^\circ\mathrm{C}$	$\int_0^T k(T)\,\mathrm{d}T/(\mathrm{W/m})$
50	448	1 200	5 341
100	849	1 298	5 584
200	1 544	1 405	5 840
300	2 132	1 550	6 195
400	2 642	1 738	6 687
500	3 093	1 876	6 886
600	3 497	1 990	7 131
700	3 865	2 155	7 488
800	4 202	2 348	7 916
900	4 514	2 432	8 107
1 000	4 806	2 805	9 000
1 100	5 081		

积分热导率是在假定燃料芯块体积释热率 q_v 是均匀的、芯块导热率是温度的函数的条件下求得的，可以较为快速地求出燃料芯块的中心温度。但是压水堆燃料芯块的体积释热率是不均匀的，如图 6-8 所示，芯块表面存在中子自屏效应，慢化剂中的热中子注量率高于芯块中的热中子注量率，这样芯块的体积释热率并不是均匀的，芯块中心位置的体积释热率要低于芯块的平均释热率，所以压水堆燃料芯块中的体积释热率可表示为半径 r 的函数，即 $q_v(r)$。

由此，柱状芯块的热传导方程可写成

$$\frac{1}{r}\frac{\mathrm{d}}{\mathrm{d}r}\left(r\frac{\mathrm{d}T}{\mathrm{d}r}\right) + \frac{q_v(r)}{k(T)} = 0 \qquad (6-34)$$

在燃料元件行为分析程序中，式（6-34）一般用差分或离散的方法进行求解。如图 6-9 所示，取轴向高度为 Δz，将燃料芯块划分成间隔为 Δr 的同心圆环，由内向外的圆环中

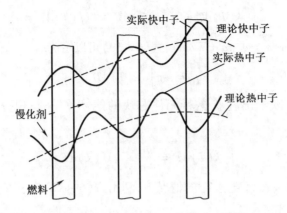

图 6-8 非均匀堆燃料和慢化剂内的中子注量率分布

心节点编号为 $i-1, i, i+1$，圆环交界面的节点标号分别为 $i-\frac{1}{2}$ 和 $i+\frac{1}{2}$，圆环较小，每个圆环可视为同一温度 T_i。芯块中心温度高于表面温度，所以芯块的热量是由内向外导出的，这样 $i-1$ 环向 i 环导出的热量和 i 环向 $i+1$ 环导出的热量分别为

$$Q_1 = k_{i-\frac{1}{2}} \frac{T_{i-1} - T_i}{\Delta r} 2\pi r_{i-\frac{1}{2}} \Delta z$$

$$Q_2 = k_{i+\frac{1}{2}} \frac{T_i - T_{i+1}}{\Delta r} 2\pi r_{i+\frac{1}{2}} \Delta z$$

图 6-9 燃料芯块差分计算的
节点划分示意图

对 i 环，其体积释热率为

$$Q_3 = 2\pi r_i \Delta r \Delta z q_v(r_i)$$

由热平衡条件可知，$Q_1 + Q_3 = Q_2$，所以有

$$k_{i-\frac{1}{2}} r_{i-\frac{1}{2}} T_{i-1} - \left(k_{i-\frac{1}{2}} r_{i-\frac{1}{2}} + k_{i+\frac{1}{2}} r_{i+\frac{1}{2}} \right) T_i + k_{i+\frac{1}{2}} r_{i+\frac{1}{2}} T_{i+1} = -r_i \Delta r^2 q_v(r_i) \quad (6-35)$$

式 (6-35) 中

$$k_{i-\frac{1}{2}} = \frac{1}{2} \left[k(T_{i-1}) + k(T_i) \right]$$

$$k_{i+\frac{1}{2}} = \frac{1}{2} \left[k(T_i) + k(T_{i+1}) \right]$$

$$r_{i-\frac{1}{2}} = \frac{1}{2} (r_{i-1} + r_i)$$

$$r_{i+\frac{1}{2}} = \frac{1}{2} (r_i + r_{i+1})$$

边界条件如下：

芯块中心位置 $\qquad\qquad\qquad r = 0, \dfrac{\mathrm{d}T}{\mathrm{d}r} = 0$

芯块表面位置 $\qquad\qquad\qquad r = a, T = T_s \qquad\qquad\qquad (6-36)$

式 (6-36) 中的 T_s 为芯块表面温度，由边界条件可得出芯块中心位置和芯块表面位置都是两个节点的方程，表达式分别为

$$a_1 T_1 + a_2 T_2 = d_1$$

$$a_{n-1} T_{n-1} + a_n T_n = d_n$$

其余节点位置温度的一般表达式为

$$a_{i-1} T_{i-1} + a_i T_i + a_{i+1} T_{i+1} = d_i \tag{6-37}$$

所以燃料芯块位置的温度方程组为

$$
\begin{bmatrix}
a_1 & a_2 & 0 & 0 & 0 & 0 \\
a_1 & a_2 & a_3 & 0 & 0 & 0 \\
0 & a_2 & a_3 & a_4 & 0 & 0 \\
\vdots & \vdots & \vdots & \vdots & & \vdots \\
0 & 0 & 0 & a_{n-2} & a_{n-1} & a_n \\
0 & 0 & 0 & 0 & a_{n-1} & a_n
\end{bmatrix}
\begin{Bmatrix}
T_1 \\ T_2 \\ T_3 \\ \vdots \\ T_{n-1} \\ T_n
\end{Bmatrix}
=
\begin{Bmatrix}
d_1 \\ d_2 \\ d_3 \\ \vdots \\ d_{n-1} \\ d_n
\end{Bmatrix}
\tag{6-38}
$$

芯块表面节点温度 T_n 与芯块表面温度 T_s 相等,则方程组(6-38)可用追赶法求得其他节点温度解。燃料元件性能分析程序求解芯块温度时同样要进行局部迭代,直至整个芯块所有节点的温度收敛为止。

6.4　燃料元件瞬态温度场计算

柱状体芯块的径向瞬态传热方程为

$$c_p \rho \frac{\mathrm{d}T}{\mathrm{d}t} = \frac{1}{r} \frac{\partial}{\partial r} \left(kr \frac{\partial T}{\partial r} \right) + q(r, t) \tag{6-39}$$

式中　$q(r,t)$——芯块的体积释热率,是芯块位置 r(半径)和时间 t 的函数;

c_p——芯块的导热率,是温度 T 的函数;

ρ——芯块的密度,没有发生相变时变化不大,可看作一个常数。

设芯块的半径为 r,将燃料芯块由中心(孔)向芯块表面划分成间距为 Δr 的节点 i,次序为 $1,2,\cdots,m-1,m$,则式(6-39)的差分格式的解为

$$\frac{(c_p \rho)_i^\theta (T_i^{n+1} - T_i^n) r_i \Delta r}{\Delta t} = \frac{k_{i-\frac{1}{2}}^\theta (T_{i-1}^\theta - T_i^\theta) r_{i-\frac{1}{2}}}{\Delta r} - \frac{k_{i+\frac{1}{2}}^\theta (T_i^\theta - T_{i+1}^\theta) r_{i+\frac{1}{2}}}{\Delta r} + q_i^\theta r_i \Delta r$$

$$\tag{6-40}$$

式(6-40)中,上标 n 和 $n+1$ 表示一个时间间隔两端点的时间。

$$T^\theta = \theta T^{n+1} + (1-\theta) T^n \quad (0 < \theta < 1)$$

$$
\begin{cases}
a_1 = \dfrac{(c_p \rho)_i^\theta r_i \Delta r}{2\Delta t} \\[3mm]
a_2 = \dfrac{k_{i-\frac{1}{2}}^\theta r_{i-\frac{1}{2}}}{\Delta r} \\[3mm]
a_3 = -\dfrac{k_{i+\frac{1}{2}}^\theta r_{i+\frac{1}{2}}}{\Delta r} \\[3mm]
a_4 = q_i^\theta r_i \Delta r
\end{cases}
$$

$$(c_p\rho)_i^\theta = \theta(c_p\rho)_i^{n+1} + (1-\theta)(c_p\rho)_i^n$$

$$\begin{cases} k_{i-\frac{1}{2}}^\theta = \theta k_{i-\frac{1}{2}}^{n+1} + (1-\theta)k_{i-\frac{1}{2}}^n \\ k_{i+\frac{1}{2}}^\theta = \theta k_{i+\frac{1}{2}}^{n+1} + (1-\theta)k_{i+\frac{1}{2}}^n \\ k_{i-\frac{1}{2}}^{n+1} = 0.5(k_{i-1}^{n+1} + k_i^{n+1}) \\ k_{i+\frac{1}{2}}^{n+1} = 0.5(k_i^{n+1} + k_{i+1}^{n+1}) \\ k_{i-\frac{1}{2}}^n = 0.5(k_{i-1}^n + k_i^n) \\ k_{i+\frac{1}{2}}^n = 0.5(k_i^n + k_{i+1}^n) \\ q_i^\theta = \theta q_i^{n+1} + (1-\theta)q_i^n \end{cases}$$

式(6-40)经整理后为

$$a_1(T_i^{n+1} - T_i^n) = a_2[\theta T_{i-1}^{n+1} + (1-\theta)T_{i-1}^n - \theta T_i^{n+1} - (1-\theta)T_i^n] +$$
$$a_3[\theta T_i^{n+1} + (1-\theta)T_i^n - \theta T_{i+1}^{n+1} - (1-\theta)T_{i+1}^n] + a_4$$

再写成下列形式：

$$\{-a_2\theta, a_1 + \theta(a_2 - a_3), a_3\theta\} \begin{Bmatrix} T_{i-1}^{n+1} \\ T_i^{n+1} \\ T_{i+1}^{n+1} \end{Bmatrix}$$

$$= \{a_2(1-\theta), a_1 - (1-\theta)(a_2 - a_3), -a_3(1-\theta)\} \begin{Bmatrix} T_{i-1}^n \\ T_i^n \\ T_{i+1}^n \end{Bmatrix} + a_4$$

$$(6-41)$$

芯块中心($r_1 = 0$)或中心孔位置的节点解为

$$\{b_1 - b_2\theta, b_2\theta\} \begin{Bmatrix} T_1^{n+1} \\ T_2^{n+1} \end{Bmatrix} = \{b_1 + b_2(1-\theta), -b_2(1-\theta)\} \begin{Bmatrix} T_1^n \\ T_2^n \end{Bmatrix} + b_3 \qquad (6-42)$$

式(6-42)中的各系数如下：

$$T_1^\theta = \theta T_1^{n+1} + (1-\theta)T_1^n$$

$$T_2^\theta = \theta T_2^{n+1} + (1-\theta)T_2^n$$

$$(c_p\rho)_1^\theta = \theta(c_p\rho)_1^{n+1} + (1-\theta)(c_p\rho)_1^n$$

$$k_{1+\frac{1}{2}}^\theta = \theta k_{1+\frac{1}{2}}^{n+1} + (1-\theta)k_{1+\frac{1}{2}}^n$$

$$k_{1+\frac{1}{2}}^{n+1} = 0.5(k_1^{n+1} + k_2^{n+1})$$

$$k_{1+\frac{1}{2}}^n = 0.5(k_1^n + k_2^n)$$

$$b_1 = \frac{(c_p\rho)_1^\theta \left(r_1 + \frac{\Delta r}{4}\right)\Delta r}{\Delta t}$$

$$b_2 = -\frac{2k_{1+\frac{1}{2}}^\theta \left(r_1 + \frac{\Delta r}{2}\right)}{\Delta r}$$

$$b_3 = q_1^\theta \left(r_1 + \frac{\Delta r}{4}\right)\Delta r$$

包壳节点划分与芯块相似，设节点间距为 Δr_c，包壳瞬态传热的解为

$$\{-c_2\theta, c_1+\theta(c_2-c_3), c_3\theta\}\begin{Bmatrix} T_{c\,i-1}^{n+1} \\ T_{c\,i}^{n+1} \\ T_{c\,i+1}^{n+1} \end{Bmatrix}$$

$$=\{c_2(1-\theta), c_1-(1-\theta)(c_2-c_3), -c_3(1-\theta)\}\begin{Bmatrix} T_{c\,i-1}^{n} \\ T_{c\,i}^{n} \\ T_{c\,i+1}^{n} \end{Bmatrix}$$

$$(6-43)$$

式 $(6-43)$ 中的各参数为

$$c_1 = \frac{(c_p\rho)_{c\,i}^{\theta} r_{c\,i} \Delta r_c}{\Delta t}$$

$$c_2 = \frac{k_{c\,i-\frac{1}{2}}^{\theta} r_{c\,i-\frac{1}{2}}}{\Delta r_c}$$

$$c_3 = -\frac{k_{c\,i+\frac{1}{2}}^{\theta} r_{c\,i+\frac{1}{2}}}{\Delta r_c}$$

$$(c_p\rho)_{c\,i}^{\theta} = \theta(c_p\rho)_{c\,i}^{n+1} + (1-\theta)(c_p\rho)_{c\,i}^{n}$$

$$k_{c\,i-\frac{1}{2}}^{\theta} = \theta k_{c\,i-\frac{1}{2}}^{n+1} + (1-\theta)k_{c\,i-\frac{1}{2}}^{n}$$

$$k_{i+\frac{1}{2}}^{\theta} = \theta k_{c\,i+\frac{1}{2}}^{n+1} + (1-\theta)k_{c\,i+\frac{1}{2}}^{n}$$

$$k_{c\,i-\frac{1}{2}}^{n+1} = 0.5(k_{c\,i-1}^{n+1} + k_{c\,i}^{n+1})$$

$$k_{c\,i+\frac{1}{2}}^{n+1} = 0.5(k_{c\,i}^{n+1} + k_{c\,i+1}^{n+1})$$

$$k_{c\,i-\frac{1}{2}}^{n} = 0.5(k_{c\,i-1}^{n} + k_{c\,i}^{n})$$

$$k_{i+\frac{1}{2}}^{n} = 0.5(k_i^{n} + k_{i+1}^{n})$$

$$q_i^{\theta} = \theta q_i^{n+1} + (1-\theta)q_i^{n}$$

冷却剂流道与包壳表面间的瞬态能量守恒方程为

$$\frac{\partial}{\partial t}(A\rho e) + \frac{\partial}{\partial z}(A\rho ev) = A\left[-\rho gv - \frac{\partial}{\partial z}(pv) + \frac{\partial}{\partial z}\left(\lambda\frac{\partial T}{\partial z}\right) + q_e''\frac{2\pi R_{cl,o}}{A} - q_s''\frac{2\pi R_{s,i}}{A} + q'''\right] + Se$$

$$(6-44)$$

式中　ρ——冷却剂密度；

T—— 温度；

t—— 时间；

λ——热导率；

h——冷却剂的焓；

q'''——功率密度；

r——半径；

A——流道横截面积；

z——轴向高度；

v——冷却剂流速；

p——冷却剂压力；

g——重力加速度；

$R_{\mathrm{cl,o}}$——包壳外径；

$R_{\mathrm{s,i}}$——构件的内径；

q''_{e}——进入冷却剂的热流密度；

q''_{s}——离开冷却剂的热流密度

e——单位质量度的冷却剂能量，$e = h - \dfrac{p}{\rho} + \dfrac{w^2}{2}$；

S——质量流失的概率。

对式（6－44）做以下假设：

（1）无论单相流还是两相流，都具有规则的流速；

（2）无质量流失，即 $S = 0$；

（3）不考虑轴向上的热交换；

（4）不考虑由重力作用引起的热交换、动能（$v^2/2$）和势能$\left(\dfrac{p}{\rho}\right)$；

（5）忽略横截面积随时间、空间的变化。

因此，式（6－44）简化后的方程变为

$$\rho \frac{\partial h}{\partial t} + \rho v \frac{\partial h}{\partial z} = q''' + q''_{\mathrm{e}} \frac{2\pi R_{\mathrm{cl,o}}}{A} \tag{6－45}$$

单相流情况之下，$\mathrm{d}h = c_{\mathrm{p}}\mathrm{d}T$，则式（6－45）变成一个温度方程式：

$$\rho c_{\mathrm{p}} \frac{\partial T}{\partial t} + \rho c_{\mathrm{p}} w \frac{\partial T}{\partial z} = q''' + q'''_{\mathrm{e}} \frac{2\pi R_{\mathrm{cl,o}}}{A} \tag{6－46}$$

与处理芯块、包壳的方法一样，式（6－46）变形为

$$\theta\left[\rho^{n+1} c_{\mathrm{p}}^{n+1} \frac{\partial T^{n+1}}{\partial t} + \frac{m^{n+1}}{A^{n+1}} c_{\mathrm{p}}^{n+1} \frac{\partial T^{n+1}}{\partial z}\right] + (1-\theta)\left[\rho^n c_{\mathrm{p}}^n \frac{\partial T^n}{\partial t} + \frac{m^n}{A^n} c_{\mathrm{p}}^n \frac{\partial T^n}{\partial z}\right]$$

$$= \theta\left(\frac{2\pi R^{n+1}}{A^{n+1}} q''^{n+1} + q'''^{n+1}\right) + (1-\theta)\left(\frac{2\pi R^n}{A^n} q''^n + q'''^n\right) \tag{6－47}$$

式中，$m = \rho A v$，为冷却剂质量流量。

对于一个轴向段，冷却剂与包壳间的传热方程简化为

$$\left[\theta, -\theta(a+0.5)\right]\begin{bmatrix} T_{\mathrm{c}}^{n+1} \\ T_{\mathrm{up}}^{n+1} \end{bmatrix} = \left[-(1-\theta), (1-\theta)(a+0.5)\right]\begin{bmatrix} T_{\mathrm{c}}^{n} \\ T_{\mathrm{up}}^{n} \end{bmatrix} + (0.5-a)T_{\mathrm{in}}$$

$$\tag{6－48}$$

式（6－48）中各系数如下：

$$a = \frac{(A\rho v)c_{\mathrm{p}}^{\theta}}{2\pi r_{\mathrm{c}} h^{\theta} \Delta z}$$

$$T_{\mathrm{c}}^{\theta} = \theta T_{\mathrm{c}}^{n+1} + (1-\theta)T_{\mathrm{c}}^{n}$$

$$T_{\mathrm{up}}^{\theta} = \theta T_{\mathrm{up}}^{n+1} + (1-\theta)T_{\mathrm{up}}^{n}$$

$$T_{\mathrm{f}}^{\theta} = 0.5(T_{\mathrm{up}}^{\theta} + T_{\mathrm{inlet}}) = 0.5\left[\theta T_{\mathrm{up}}^{n+1} + (1-\theta)T_{\mathrm{up}}^{n} + T_{\mathrm{inlet}}\right]$$

$$c_{\mathrm{p}}^{\theta} = \theta c_{\mathrm{p}}\left(\frac{T_{\mathrm{up}}^{n+1} + T_{\mathrm{inlet}}}{2}\right) + (1-\theta)c_{\mathrm{p}}\left(\frac{T_{\mathrm{up}}^{n} + T_{\mathrm{inlet}}}{2}\right)$$

$$h^{\theta} = \theta h \left(\frac{T_{up}^{n+1} + T_{in}}{2} \right) + (1 - \theta) h \left(\frac{T_{up}^{n} + T_{in}}{2} \right)$$

上述系数中的 $j, j+1$ 为相邻轴向段节点号。

计算瞬态温度场时,将上述将冷却剂通道的轴向传热方程与燃料棒径向传热方程联立起来,推导出瞬态传热方程差分格式求解的方程组为

$$
\begin{bmatrix}
a_1 & a_2 & 0 & 0 & 0 & 0 \\
a_1 & a_2 & a_3 & 0 & 0 & 0 \\
0 & a_2 & a_3 & a_4 & 0 & 0 \\
\vdots & \vdots & \vdots & \vdots & & \vdots \\
0 & 0 & a_{k-2} & a_{k-1} & a_k & 0 \\
0 & 0 & 0 & a_{k-1} & a_k & a_f
\end{bmatrix}
\begin{Bmatrix}
T_1^{n+1} \\
T_2^{n+1} \\
T_3^{n+1} \\
\vdots \\
T_k^{n+1} \\
T_f^{n+1}
\end{Bmatrix}
=
\begin{bmatrix}
b_1 & b_2 & 0 & 0 & 0 & 0 \\
b_1 & b_2 & b_3 & 0 & 0 & 0 \\
0 & b_2 & b_3 & b_4 & 0 & 0 \\
\vdots & \vdots & \vdots & \vdots & & \vdots \\
0 & 0 & b_{k-2} & b_{k-1} & b_k & 0 \\
0 & 0 & 0 & b_{k-1} & b_k & b_f
\end{bmatrix}
\begin{Bmatrix}
T_1^{n} \\
T_2^{n} \\
T_3^{n} \\
\vdots \\
T_k^{n} \\
T_f^{n}
\end{Bmatrix}
+
\begin{Bmatrix}
d_1 \\
d_2 \\
d_3 \\
\vdots \\
d_k \\
d_f
\end{Bmatrix}
$$

对该方程组进行求解,由 n 时刻的冷却剂和各节点的温度值,解出 $n+1$ 时刻冷却剂和所有节点上的温度值。

图 6 - 10 给出一个典型的瞬态脉冲功率下,燃料芯块中心温度和表面温度随时间变化的趋势。用稳态方程解出的温度趋势与原来功率变化的趋势完全一致,但用瞬态方程解出的温度变化趋势则明显滞后于功率变化趋势,最后趋于稳定一致。

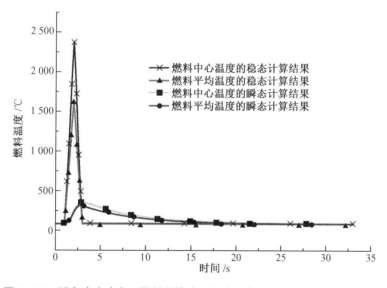

图 6 - 10　瞬态脉冲功率下燃料芯块中心温度和表面温度随时间的变化趋势

图 6 - 11 给出了燃料棒在功率提升过程中,燃料棒实际功率(即燃料棒实际传给冷却剂的功率)随时间的变化。图 6 - 12 给出了燃料棒功率下降时,燃料棒传给冷却剂的实际释热率。

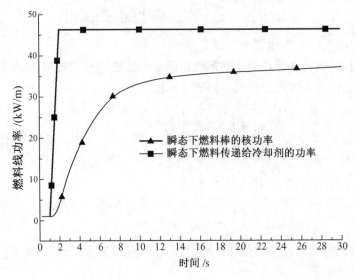

图 6－11　功率上升过程中燃料棒核功率与传给冷却剂的功率的比较

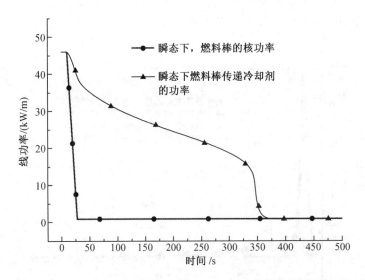

图 6－12　功率下降过程中燃料棒核功率与传给冷却剂的功率比较

6.5　芯块径向功率分布

燃料元件的自屏效应使得元件芯块内的中子通量与周围慢化剂内中子通量分布有较大的差异,芯块外部吸收中子后,芯块内的热中子通量要比外部的低。利用扩散理论可近似求得燃料芯块径向热中子通量的表达式为

$$\Phi(r) = AI_0(K_0 r) \tag{6-49}$$

式中　Φ——芯块半径为 r 处的热中子通量;

　　　I_0——零阶贝塞尔函数;

　　　$K_0 = \Sigma_a / D$,其中 Σ_a 为宏观吸收截面积;

　　　D——中子扩散系数;

　　　A——由边界条件确定的常数。

若燃料棒表面 R_0 处的热中子通量为 Φ_s,则式(6-49)改写为

$$\Phi(r) = \Phi_s \frac{I_0(K_0 r)}{I_0(K_0 R_0)} \tag{6-50}$$

中子自屏因子 F 定义为燃料棒表面热中子通量与燃料棒内平均热中子通量的比值,这样可以得出自屏因子 F 为

$$F = \frac{K_0 R_0}{2} \frac{I_0(K_0 R_0)}{I_1(K_0 R_0)} \tag{6-51}$$

燃料中的裂变材料是不断消耗的,所以随着燃料燃耗的加深燃料芯块内中子通量分布也在变化,因此燃料芯块体积释热率也随之变化。所以,美国开发了 RADAR(rating depression analysis routine)模块主要用于燃料性能分析程序中计算二氧化铀和 MOX 燃料的铀、钚同位素浓度的变化,以及燃料芯块中的径向功率分布。

6.5.1　芯块中重原子浓度的变化

RADAR 模型所计算的重原子包括 ^{235}U、^{236}U、^{238}U、^{238}Pu、^{239}Pu、^{240}Pu、^{241}Pu 和 ^{242}Pu。对于一个给定的轴向分段和时间步长,第一步计算热中子通量 Φ 以及平均浓度 ΔC 的变化:

$$\Phi = \frac{\Delta \tau}{\Delta t} \frac{\rho}{1.08 n_{mol}} \frac{5.4 \times 10^{-17}}{(\sigma_{f235} N_{U235} E_{U235} + \sigma_{fPu239} N_{Pu239} E_{Pu239} + \sigma_{fPu241} N_{Pu241} E_{Pu241})} \tag{6-52}$$

$$\Delta C_{U235} = -\sigma_{a_{U235}} N_{U235} \Phi \Delta t$$

$$\Delta C_{U236} = (\sigma_{a_{U235}} N_{U235} - \sigma_{a_{U236}} U_{236}) \Phi \Delta t$$

$$\Delta C_{U238} = (\sigma_{a_{U238}} + \sigma_{n_{U238}}) N_{U238} \Phi \Delta t$$

$$\Delta C_{Np237} = (\sigma_{a_{U236}} N_{U236} + \sigma_{n_{U238}} N_{U238} - \sigma_{a_{Np237}} N_{Np237}) \Phi \Delta t$$

$$\Delta C_{Pu238} = (\sigma_{a_{Np237}} N_{Np237} - \sigma_{a_{Pu238}} N_{Pu238}) \Phi \Delta t$$

$$\Delta C_{Pu239} = (\sigma_{a_{U238}} N_{U238} - \sigma_{n_{Pu239}} N_{Pu239} + \sigma_{a_{Pu238}} N_{Pu238}) \Phi \Delta t$$

$$\Delta C_{Pu240} = (\sigma_{c_{Pu239}} N_{Pu239} - \sigma_{a_{Pu240}} N_{Pu240}) \Phi \Delta t$$

$$\Delta C_{Pu241} = (\sigma_{a_{Pu240}} N_{Pu240} - \sigma_{a_{Pu241}} N_{Pu241}) \Phi \Delta t - \lambda N_{Pu241} \Delta t$$

$$\Delta C_{Pu242} = (\sigma_{c_{Pu241}} N_{Pu241} - \sigma_{a_{Pu242}} N_{Pu242}) \Phi \Delta t$$

式中　Φ——热中子通量,$cm^{-2} \cdot s^{-1}$;

　　　Δt——时间步长,s;

　　　$\Delta \tau$——某个时间步长内燃耗的变化,$MW \cdot d/t$;

　　　ρ——重原子的密度,$\rho = 10.96 \times 0.8815 \ g/cm^3$;

　　　n_{mol}——单位体积内二氧化铀的分子数,$n_{mol} = 2.445 \times 10^{22}/cm^3$;

　　　1.08——^{238}U 快中子裂变的贡献;

　　　$\sigma_f,\sigma_a,\sigma_c$ 和 σ_n——裂变、吸收、俘获和"n2n"反应微观截面,cm^2;

　　　E_{U235}、E_{Pu239} 以及 E_{Pu241}——核素的裂变能量,其中 $E_{U235} = 193.7 \ MeV$;$E_{Pu239} = 202 \ MeV$;$E_{Pu241} = 204.4 \ MeV$;

　　　$\lambda = \ln2/T, s^{-1}$,其中 T 是 ^{241}Pu 的衰变时间,$T = 14.4 \ a$。

有些 ^{239}Pu 在芯块边缘形成,主要是由于 ^{238}U 对超热中子的共振俘获:

$$\Delta Pu_{239} = (1-p)f_r v \frac{\Delta \tau \rho}{E n_{mol}} 5 \ 410^{17} \tag{6-53}$$

式中　p——共振逃逸概率;

　　　f_r——快中子泄漏因子;

　　　v——每次裂变产生的中子数,$v = 2.44$;

　　　E——平均裂变能量,200 MeV。

燃料元件行为分析程序不能计算出 p 和 f_r,所以这是两个输入参数,是由反应堆物理计算得来的,因堆型和堆芯的设计的不同而不同。对于法国的压水堆,推荐值为 $p = 0.85$,$f_r = 0.975$。

6.5.2　径向功率分布

对于每一个轴向分段,RADAR 程序通过解扩散方程得到一个径向的通量截面。计算出的通量分布再乘以之前算出的径向浓度分布,再乘以不同的截面和裂变能量,便可以得到芯块径向功率的分布函数 R:

$$R = I_0(\alpha r)[\sigma_{f235}N_{U235}E_{U235} + \sigma_{f239}N_{Pu239}E_{Pu239} + \sigma_{f241}N_{Pu241}E_{Pu241}] \tag{6-54}$$

式中　I_0,K_0,K_1——调整后的贝塞尔函数;

　　　α——中子扩散长度的倒数,由下式给出:

$$\frac{1}{\lambda_{tr}} = n_{mol}\left[\sum_i^n (\sigma_d)_i N_i + 2\sigma_d\right]$$

其中

$$\frac{1}{\lambda_{ads}} = n_{mol}\left[\sum_i^n \sigma_{a_i} N_{U_i}\right] \tag{6-55}$$

式中　σ_d——重原子扩散截面,下标 $i \sim n$ 分别代表重元素 ^{235}U、^{236}U、^{238}U、^{238}Pu、^{239}Pu、^{240}Pu、^{241}Pu 以及 ^{242}Pu,cm^2;

　　　λ_{tr}——由扩散平均自由程得到的传输平均自由程;

　　　λ_{abs}——吸收平均自由程;

　　　$\sigma_d(heavy)$——重原子扩散截面;

　　　$\sigma_d(oxygen)$——氧原子扩散截面。

6.6　芯块导热系数修正

热态下燃料芯块会开裂,形成一些环向裂纹,影响燃料径向导热,在 FRAPCON-2 程序中通过修正实验室得到的导热系数来考虑环向裂纹的影响。修正关系式为

$$K_{\text{eff}} = R \cdot K_{\text{lab}} \tag{6-56}$$

式中　K_{eff}——等效导热系数(W/m·k);

　　　K_{lab}——未开裂芯块导热系数;

　　　R——修正因子,且有

$$R = 1.0 - CC_{\text{rel}}\left[1.0 - \frac{K_{\text{g}}}{K_{\text{lab}}}\right] \tag{6-57}$$

式(6-57)中 K_{g} 为气体导热系数,C 主要考虑裂纹中的气体对燃料导热系数的影响。因为气体导热系数比燃料导热系数低,此项会使等效导热系数降低。不同模型使用的值有差别,如 FRAPCON-2 程序中有刚性芯块模型 FRACAS-Ⅰ 和变形芯块模型 FRACAS-Ⅱ,这两个模型对式(6-57)中的 C 和 C_{rel} 的取值就不一样:

FRACAS-Ⅰ 模型,$C = 0.30 \text{ m}^{-1}$;

FRACAS-Ⅱ 模型,$C = 0.48 \text{ m}^{-1}$。

FRACAS-Ⅰ 模型,$C_{\text{rel}} = \dfrac{3\delta(\delta_{\text{s}} - \delta_{\text{T}})}{r_{\text{p}} V(0.8 \times 10^{-4})} \text{ m}$;

FRACAS-Ⅱ 模型,$C_{\text{rel}} = \dfrac{3\delta(\delta_{\text{s}} - \delta_{\text{T}})}{4 r_{\text{p}}(0.8 \times 10^{4})} \text{ m}$。

式中　δ——初始间隙宽度;

　　　δ_{s}——不考虑重定位间隙宽;

　　　δ_{T}——开裂重定位间隙宽;

　　　r_{p}——冷态芯块半径;

　　　V——裂纹的体积。

当 $T_{\text{r}} \geqslant T_{\text{trans}}$,有

$$R = 1.0$$

式中　T_{r}——局部燃料温度;

　　　T_{trans}——燃料转化温度,$T_{\text{trans}} = 0.9$ 燃料烧结温度。

这里有如下三条假设:

①一旦燃料中一个区域的温度高于 T_{trans},裂纹瞬时愈合。

②一旦一个区域裂纹愈合,就不再发生开裂。

③气体和燃料的导热系数都用实验值。

6.7 储能计算

在事故情况下,冷却能力丧失,燃料芯块储能会释放出来,使包壳温度迅速升高,导致燃料棒烧毁,所以燃料储能是衡量燃料性能的指标之一。

储能计算与温度场计算有关,温度场将芯块划分为若干个同心圆环,每个圆环的温度近似为一个温度值,这样该轴向段的芯块储能取体积平均值,即

$$E_s = \frac{1}{m} \sum_{i=1}^{I} m_i \int_{298}^{T_i} C_p(t) \, dT \tag{6-58}$$

式中　m_i——i 环质量,kg;

T_i——i 环温度,K;

$C_p(T)$——比定压热容,J/(kg·K);

m——该轴向节点的总质量,kg;

I——芯块径向分环数。

6.8 燃耗的计算

燃耗量纲采用 MW·d/tU 时,轴向段 L 内的燃耗增量为

$$\Delta \tau_L = \frac{q_1(1 - p_{g\gamma}) \Delta t}{m_1} \tag{6-59}$$

式中　q_1——轴向分段的线功率,W/mm;

$p_{g\gamma}$——包壳 γ 能量份额;

Δt——时间步长,d;

m_1——单位长度上的金属质量,g/mm。

燃耗值就是上一时间步长的燃耗与这一时间步长燃耗的增量之和:

$$\tau_L^t = \tau_L^{t-\Delta t} + \Delta \tau \tag{6-60}$$

局部燃耗的增量为

$$\Delta \tau_{local} = \frac{(1 - p_\gamma) \Delta \tau_L F \rho}{\bar{\rho}} \tag{6-61}$$

式中　P_γ——包壳和芯块 γ 能量的份额;

F——芯块局部通量压降因子;

ρ——芯块的局部密度,g/mm³;

$\bar{\rho}$——芯块分段的平均密度,g/mm³。

局部燃耗值是上一时间步长的燃耗值与这一时间步长燃耗增量之和:

$$\tau_{local}^t = \tau_{local}^{t-\Delta t} + \Delta \tau_{local} \tag{6-62}$$

6.9　燃料棒力学分析模型

FRAPCON – 2 程序中有 FRACAS – Ⅰ 和 FRACAS – Ⅱ 力学计算模型,主要考虑小变形、小应变的情况,芯块和包壳在变形过程中保持圆柱体形状不变。FRACAS – Ⅰ 和 FRACAS – Ⅱ 的主要差别是 FRACAS – Ⅰ 不考虑应力导致的燃料变形,所以称为刚性芯块模型;而 FRACAS – Ⅱ 则考虑应力导致的燃料变形,称为可变形芯块模型。

6.9.1　刚性芯块模型(FRACAS – Ⅰ)

单轴的应力、应变关系遵从胡克定律:

$$\varepsilon = \frac{\sigma}{E} + \varepsilon^{p} + \int \alpha \mathrm{d}T \tag{6-63}$$

式中　ε——总应变;

$\quad\quad \sigma$——应力;

$\quad\quad \varepsilon^{p}$——塑性应变;

$\quad\quad E$——弹性模量;

$\quad\quad \alpha$——热膨胀系数;

$\quad\quad T$——温度。

对多轴应力状态,取等效应力:

$$\sigma_e = \sqrt{\frac{1}{2}\left[(\sigma_1 - \sigma_2)^2 + (\sigma_2 - \sigma_3)^2 + (\sigma_3 - \sigma_1)^2\right]} \tag{6-64}$$

式中,σ_1,σ_2,σ_3 为三个主方向上的应力。当 $\sigma_e = \sigma_y$ 时,材料屈服,开始塑性变形。

在增量求解过程中,有

$$\varepsilon^{p} = \sum \mathrm{d}\varepsilon^{p} \tag{6-65}$$

式中　ε^{p}——总的等效塑性应变;

$\quad\quad \mathrm{d}\varepsilon^{p}$——每个时间步长上等效塑性应变增量;

$\quad\quad \mathrm{d}\varepsilon^{p}$ 与各个方向上塑性应变增量分量的关系为

$$\mathrm{d}\varepsilon^{p} = \frac{\sqrt{2}}{3}\left[(\mathrm{d}\varepsilon_1^{p} - \mathrm{d}\varepsilon_2^{p})^2 + (\mathrm{d}\varepsilon_2^{p} - \mathrm{d}\varepsilon_3^{p})^2 + (\mathrm{d}\varepsilon_3^{p} - \mathrm{d}\varepsilon_1^{p})^2\right]^{\frac{1}{2}} \tag{6-66}$$

实验表明,塑性变形不会引起体积变化,即

$$\mathrm{d}\varepsilon_1^{p} + \mathrm{d}\varepsilon_2^{p} + \mathrm{d}\varepsilon_3^{p} = 0 \tag{6-67}$$

式中 $\mathrm{d}\varepsilon_1^{p}$,$\mathrm{d}\varepsilon_2^{p}$,$\mathrm{d}\varepsilon_3^{p}$ 为各方向上的塑性应变增量。

塑性应变增量和等效塑性应变增量的关系为

$$\mathrm{d}\varepsilon_i^{p} = \frac{3\mathrm{d}\varepsilon^{p}}{2\sigma_e}S_i \quad (i = 1,2,3) \tag{6-68}$$

式中,S_i = 各主方向上的偏应力分量,有

$$S_i = \sigma_i - \frac{1}{3}(\sigma_1 + \sigma_2 + \sigma_3) \quad (i = 1,2,3) \tag{6-69}$$

一旦确定了给定时间步长的塑性应变增量,则总的应变可由胡克定律给出,即

$$\varepsilon_1 = \frac{1}{E}\left[\sigma_1 - \nu(\sigma_2 + \sigma_3)\right] + \varepsilon_1^p + d\varepsilon_1^p + \int\alpha_1 dT$$

$$\varepsilon_2 = \frac{1}{E}\left[\sigma_2 - \nu(\sigma_1 + \sigma_3)\right] + \varepsilon_2^p + d\varepsilon_2^p + \int\alpha_2 dT \qquad (6-70)$$

$$\varepsilon_3 = \frac{1}{E}\left[\sigma_3 - \nu(\sigma_1 + \sigma_2)\right] + \varepsilon_3^p + d\varepsilon_3^p + \int\alpha_3 dT$$

式(6-70)中,ν 为泊松比。

求解的过程如图 6-13 所示,这一解法也可推广到解蠕变、密实等问题。

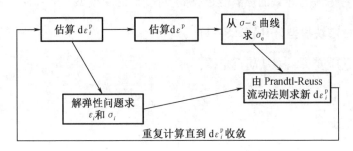

图 6-13　应力应变求解过程示意图

6.9.2　变形芯块模型(FRACAS Ⅱ)

在变形分析中,考虑以下两种情况:

①开间隙工况　芯块和包壳无相互作用,主要假设把在内外压力和温度分布作用下的包壳简化为薄壳问题。

②闭间隙工况　要考虑芯块和包壳的机械相互作用。

在变形分析中,考虑的主要变形和载荷为以下情况:

①燃料热膨胀、蠕变、肿胀、密实和重定位。

②包壳热膨胀、蠕变、塑性变形和辐照生长。

③裂变气体和外部冷却剂的压力。

1. 假设条件

(1)对于包壳

①增量塑性理论;

②采用 Prandtl-Reuss 流动法则;

③各向同性强化;

④薄壁圆柱壳体,即应力、应变和温度沿包壳厚度方向分布均匀;

⑤包壳和芯块接触后,包壳和芯块之间不产生相对滑移;

⑥忽略包壳的弯曲应力、应变;

⑦不考虑包壳蠕变;

⑧包壳变形和载荷都是轴对称的。

(2)对于芯块

①燃料变形主要考虑热膨胀、肿胀和密实;

②燃料变形不受包壳的约束；

③不考虑芯块蠕变变形；

④各向同性的材料性质。

（3）包壳变形模型由 4 组相互独立的分模型组成：

①开间隙 给定内、外压力和均匀分布的温度，求解一个薄圆柱壳体问题。

②闭间隙 给定外压和包壳内表面位移，该位移是直接由芯块变形确定的。由于芯块和包壳间轴向没有滑移的假设，燃料轴向膨胀直接传递给包壳，因此包壳轴向应变也是预先给定的。

③由应力求应变。

④由应变求应力。

2. 间隙闭合的条件

间隙闭合的条件为

$$U_r^{fuel} \geqslant U_r^{clad} + \delta \qquad (6-71)$$

式中 U_r^{fuel}——燃料外表面的径向位移；

U_r^{clad}——包壳内表面径向位移；

δ——制造间隙宽度。

由径向变形连续性的要求，必须使

$$U_{clad} = U_{fuel} - \delta \qquad (6-72)$$

当间隙闭合后，假设芯块和包壳间无轴向滑动，芯块和包壳间处于"闭锁状态"，闭锁后芯块轴向变形将直接传给包壳，即

$$\varepsilon_z^{clad} - \varepsilon_{z,0}^{clad} = \varepsilon_z^{fuel} - \varepsilon_{z,0}^{fuel} \qquad (6-73)$$

$$\varepsilon_z^{clad} = \varepsilon_{z,0}^{clad} + (\varepsilon_z^{fuel} - \varepsilon_{z,0}^{fuel}) \qquad (6-74)$$

式中 $\varepsilon_z^{clad}, \varepsilon_z^{fuel}$——径向间隙闭合后包壳和燃料的轴向总应变；

$\varepsilon_{z,0}^{clad}, \varepsilon_{z,0}^{fuel}$——在间隙刚要闭合时包壳和燃料的轴向总应变。

3. 开间隙计算模型

（1）将包壳近似为薄壳体，则包壳的应力平衡方程为

$$\sigma_\theta = \frac{r_i P_i - r_o P_o}{t} \qquad (6-75)$$

$$\sigma_z = \frac{r_i^2 P_i - r_o^2 P_o}{r_o^2 - r_i^2} \qquad (6-76)$$

$$\sigma_r = 0 \qquad (6-77)$$

式中 σ_θ——周向应力，MPa；

σ_z——轴向应力，MPa；

σ_r——径向应力，MPa；

r_i——包壳内表半径，m；

r_o——包壳外表半径，m；

P_i——燃料棒气体内压，MPa；

P_o——燃料棒外压，MPa。

包壳应变为

$$\varepsilon_z = \frac{\partial W}{\partial Z} \tag{6-78}$$

$$\varepsilon_\theta = \frac{U}{\bar{r}} \tag{6-79}$$

式中　w,u——轴向和径向位移;

　　　$\bar{r}$——包壳平均半径。

应力 – 应变关系:

$$\varepsilon_\theta = \frac{1}{E}(\sigma_\theta - \nu\sigma_z) + \varepsilon_\theta^p + \mathrm{d}\varepsilon_\theta^p + \int_{T_o}^{T} \alpha_\theta \mathrm{d}T \tag{6-80}$$

$$\varepsilon_z = \frac{1}{E}(\sigma_z - \nu\sigma_\theta) + \varepsilon_z^p + \mathrm{d}\varepsilon_z^p + \int_{T_o}^{T} \alpha_z \mathrm{d}T \tag{6-81}$$

$$\varepsilon_r = -\frac{\nu}{E}(\sigma_\theta + \sigma_z) + \varepsilon_r^p + \mathrm{d}\varepsilon_r^p + \int_{T_o}^{T} \alpha_r \mathrm{d}T \tag{6-82}$$

等效应力:

$$\sigma_e = \frac{1}{\sqrt{2}}\left[(\sigma_\theta - \sigma_z)^2 + (\sigma_z)^2 + (\sigma_\theta)^2 \right]^{\frac{1}{2}} \tag{6-83}$$

Prandtl – Reuss 流动法则:

$$\mathrm{d}\varepsilon_i^p = \frac{3}{2}\frac{\mathrm{d}\varepsilon^p}{\sigma_e}S_i \quad (i = r,\theta,z) \tag{6-84}$$

偏应力为

$$S_i = \sigma_i - \frac{1}{3}(\sigma_\theta + \sigma_z) \quad (i = r,\theta,z) \tag{6-85}$$

(2)求解过程(直接求解)

①设在前一时间步长终了时刻,已求出 $\varepsilon_r^p, \varepsilon_\theta^p, \varepsilon_z^p$ 和 ε^p;在新的时间步长上,已知 $P_i, P_o,$ T,解方程式(6-75),式(6-76),求 σ_θ, σ_z,并由(6-83)求出 σ_e;

②从图(6-14)应力 – 应变曲线上求新的 $\mathrm{d}\varepsilon^p$;

③由式(6-84)求 $\mathrm{d}\varepsilon_i^p$;由式(6-75),式(6-76),式(6-77)求总应变分量 $\varepsilon_\theta, \varepsilon_z, \varepsilon_r$。

④求位移和间隙宽度:

$$\varepsilon_\theta = \frac{u}{\bar{r}} \tag{6-86}$$

$$U(r_i) = \bar{r}\varepsilon_\theta - \frac{t}{2}\varepsilon_r \tag{6-87}$$

$$t = (1 + \varepsilon_r)t_0 \tag{6-88}$$

此处 t_0 为包壳初始厚度,计算出燃料外表位移,即可求出间隙。

⑤求在该时间步长终了时刻新的应变:

$$(\varepsilon_\theta^p)_{new} = (\varepsilon_\theta^p)_{old} + \mathrm{d}\varepsilon_\theta^p \tag{6-89}$$

$$(\varepsilon_z^p)_{new} = (\varepsilon_z^p)_{old} + \mathrm{d}\varepsilon_z^p \tag{6-90}$$

$$(\varepsilon_r^p)_{new} = (\varepsilon_r^p)_{old} + \mathrm{d}\varepsilon_r^p \tag{6-91}$$

$$(\varepsilon^p)_{new} = (\varepsilon^p)_{old} + \mathrm{d}\varepsilon^p \tag{6-92}$$

进入下一个 Δt 时间。

上述过程都是直接解出的,没有作迭代,这是由于在这种情况下,应力是确定的。

4. 闭间隙

在间隙闭合后,求解的是一个给定内表位移和轴向应变的圆柱壳体的问题,不能直接求解。因为间隙闭合后,内压为接触压力,是要求解的一个参量。和开间隙一样,包壳内表位移由下式给定:

$$U(r_i) = \bar{r}\varepsilon_\theta - \frac{t}{2}\varepsilon_r \tag{6-93}$$

且
$$\varepsilon_\theta = \frac{1}{E}(\sigma_\theta - \nu\sigma_z) + \varepsilon_\theta^p + d\varepsilon_\theta^p + \int_{T_0}^T \alpha\,dT \tag{6-94}$$

$$\varepsilon_z = \frac{1}{E}(\sigma_z - \nu\sigma_\theta) + \varepsilon_z^p + d\varepsilon_z^p + \int_{T_0}^T \alpha\,dT \tag{6-95}$$

$$\varepsilon_r = -\frac{\nu}{E}(\sigma_\theta - \sigma_z) + \varepsilon_r^p + d\varepsilon_r^p + \int_{T_0}^T \alpha\,dT \tag{6-96}$$

由式(6-87)有
$$\varepsilon_\theta = \frac{U(r_i)}{\bar{r}} + \frac{t}{2\bar{r}}\varepsilon_r$$

整理后得

$$\frac{1}{E}\left(1 + \frac{\nu t}{2\bar{r}}\right)\sigma_\theta + \frac{\nu}{E}\left(\frac{t}{2\bar{r}} - 1\right)\sigma_z = \frac{U(r_i)}{\bar{r}} + \frac{t}{2\bar{r}}\left(\varepsilon_r^p + d\varepsilon_r^p + \int\alpha\,dT\right) - \left(\varepsilon_\theta^p + d\varepsilon_\theta^p + \int\alpha\,dT\right) \tag{6-97}$$

将(6-94)和(6-96)联立求解,即可得出 σ_θ, σ_z,即求解方程组:

$$\begin{bmatrix} A_{11} & A_{12} \\ A_{21} & A_{22} \end{bmatrix} \begin{Bmatrix} \sigma_\theta \\ \sigma_z \end{Bmatrix} = \begin{Bmatrix} B_1 \\ B_2 \end{Bmatrix} \tag{6-98}$$

$$A_{11} = 1 + \frac{\nu}{2}\frac{t}{\bar{r}} \tag{6-99}$$

$$A_{12} = \nu\left(\frac{1}{2}\frac{t}{\bar{r}} - 1\right) \tag{6-100}$$

$$A_{21} = -\nu \tag{6-101}$$

$$A_{22} = 1 \tag{6-102}$$

$$B_1 = \frac{EU(r_i)}{\bar{r}} + \frac{E}{2}\left(\frac{t}{\bar{r}}\right)\left[\varepsilon_r^p + d\varepsilon_r^p + \int\alpha\,dT\right] - E\left[\varepsilon_\theta^p + d\varepsilon_\theta^p + \int\alpha\,dT\right] \tag{6-103}$$

$$B_2 = E\varepsilon_z - E\left(\varepsilon_z^p + d\varepsilon_z^p + \int\alpha\,dT\right) \tag{6-104}$$

得到
$$\sigma_\theta = \frac{B_1 A_{22} - B_2 A_{12}}{A_{11}A_{22} - A_{12}A_{21}} \tag{6-105}$$

$$\sigma_z = \frac{B_2 A_{11} - B_1 A_{21}}{A_{11}A_{22} - A_{12}A_{21}} \tag{6-106}$$

还必须满足下列方程:

$$\sigma_e = \frac{1}{\sqrt{2}}\left[(\sigma_\theta - \sigma_z)^2 + (\sigma_\theta)^2 + (\sigma_z)^2\right]^{\frac{1}{2}} \tag{6-107}$$

$$d\varepsilon^p = \frac{2}{3}\left[(d\varepsilon_r^p - d\varepsilon_\theta^p)^2 + (d\varepsilon_\theta^p - d\varepsilon_z^p)^2 + (d\varepsilon_z^p - d\varepsilon_r^p)^2\right]^{\frac{1}{2}} \tag{6-108}$$

$$d\varepsilon_\theta^p = \frac{3}{2} \frac{d\varepsilon^p}{\sigma_e} \Big[\sigma_\theta - \frac{1}{3}(\sigma_\theta + \sigma_z) \Big] \qquad (6-109)$$

$$d\varepsilon_z^p = \frac{3}{2} \frac{d\varepsilon^p}{\sigma_e} \Big[\sigma_z - \frac{1}{3}(\sigma_\theta + \sigma_z) \Big] \qquad (6-110)$$

$$d\varepsilon_r^p = -d\varepsilon_\theta^p - d\varepsilon_z^p \qquad (6-111)$$

迭代求解过程如下：

①假定 $d\varepsilon_\theta^p$, $d\varepsilon_z^p$, $d\varepsilon_r^p$ 依式(6-108)求 $d\varepsilon^p$, 由应力 – 应变曲线(图6-14)求 σ_e；

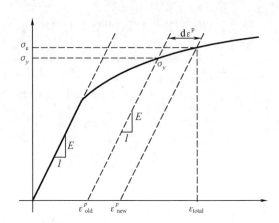

图6-14　通过应力应变曲线由等效应力求等效应变增量示意图

②由 $d\varepsilon_i^p$, $U(r_i)$, ε_z 求出 σ_θ, σ_z；

③由新求得的 σ_θ, σ_z 和第①步求得的 σ_e, 用 Prandtl – Reuss 流动法则求新的 $d\varepsilon_i^p$, 即

$$d\varepsilon_i^p = \frac{3}{2} \frac{d\varepsilon^p}{\sigma_e} \Big[\sigma_i - \frac{1}{3}(\sigma_\theta + \sigma_z) \Big] \quad (i = r, \theta, z)$$

④新求得的 $d\varepsilon_i^p$ 和老的 $d\varepsilon_i^p$ 加以比较, 判断是否收敛, 不收敛用新的 $d\varepsilon_i^p$, 从第①步开始计算, 直到收敛；

⑤收敛后求接触压力, 得

$$P_{int} = \frac{t\sigma_\theta + r_o p_o}{r_i} > P_{gas} \qquad (6-112)$$

5. 芯块变形计算

(1)芯块的热态半径 R_H 为

$$R_H = \sum_{i=1}^{N} \Delta r_i (1 + (\alpha_T)_i \Delta T_i + (\varepsilon_s)_i + (\varepsilon_d)_i) \qquad (6-113)$$

式中　R_H——芯块热态半径, m；

　　　$(\alpha_T)_i$——第 i 环平均温度下的燃料热膨胀系数, K^{-1}；

　　　ΔT_i——第 i 环的平均温度, K；

　　　Δr_i——第 i 环的宽度, m；

　　　N——芯块中分环总数；

　　　$(\varepsilon_s)_i$——第 i 环的芯块肿胀应变；

　　　$(\varepsilon_d)_i$——第 i 环的芯块密实应变。

（2）芯块堆积高度 H

$$H = \sum_{j=1}^{k} (\Delta H)_j \left[(1 + (\alpha_T)_j \Delta T_j + (\varepsilon_s)_j + (\varepsilon_d)_j) \right] \quad (6-114)$$

式中　K——燃料棒轴向分段数；

$(\Delta H)_i$——第 j 段的高度，m；

ΔT_i——第 i 环的平均温度变化，K；

$(\varepsilon_s)_i$——j 轴向段芯块的肿胀应变；

$(\varepsilon_d)_i$——第 j 轴向段芯块的密实应变。

6. 重定位的处理

图 6-15 为燃料芯块开裂后重定位示意图。开间隙和闭间隙下的燃料表面径向位移如下：

（1）开间隙　　　　　　　　　$U_c = \delta - 0.005 r_f$ 　　　　　　　　（6-115）

（2）闭间隙　　　　　　　　　$U_c = \delta - U_T - U(r_i)$ 　　　　　　（6-116）

式中　U_c——由重定位引起的燃料表面的径向位移，m；

U_T——由热膨胀、辐照肿胀密实引起的芯块径向位移，m；

$U(r_i)$——包壳内表位移；

δ——制造间隙，m；

r_f——制造芯块半径，m。

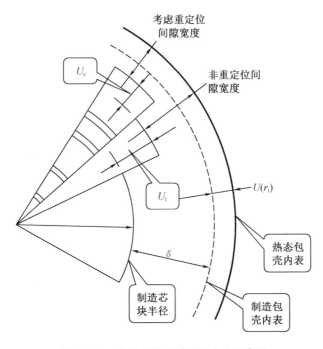

图 6-15　燃料芯块开裂后重定位示意图

6.10 燃料棒内气体压力计算模型

燃料棒内气体压力计算中假设：

①遵守理想气体方程($PV = NRT$)；

②气体压力对整个燃料棒为一常数；

③燃料裂纹中的气体以燃料平均温度为参考温度。

（1）理想气体状态方程

$$P = \frac{NR}{\sum \dfrac{V_i}{T_i}} \tag{6-117}$$

式中　P——压力；

　　　N——棒内气体物质的量；

　　　V_i——第 i 种空隙的容积；

　　　T_i——第 i 种空隙中气体的温度。

（2）在 FRAPCON-2 程序中的计算公式

$$P_g = \frac{M_g R}{\dfrac{V_p}{T_p} + \sum\limits_{n=1}^{N}\left[\dfrac{\pi(r_{cn}^2 - r_{fn}^2)\Delta Z_n}{T_{gn}} + \dfrac{V_c \Delta Z_n}{T_{cr}} + \dfrac{V_{por}\Delta Z_n}{T_{por}} + \dfrac{V_{dsh}\Delta Z_n}{T_{dsh}} + \dfrac{V_{rf}\Delta Z_n}{T_{rf}}\right]}$$

$$\tag{6-118}$$

式中　P_g——气体内压；

　　　M_g——气体物质的量；

　　　R——理想气体常数；

　　　V_p——燃料棒气腔容积，m^3；

　　　N——轴向节号；

　　　T_p——燃料棒气腔温度，K；

　　　N——轴向节点总数；

　　　r_{cn}——包壳内半径，m；

　　　R_{fn}——燃料芯块半径，m；

　　　T_{gn}——节点 n 处间隙中气体温度，K；

　　　ΔZ_n——节点 n 代表的棒长，m；

　　　V_c——节点 n 单位长度上燃料裂纹容积，m^3；

　　　T_{cr}——燃料裂纹中气体温度，K；

　　　V_{por}——节点 n 单位长度开口孔率的容积，m^3；

　　　T_{por}——n 节点开口孔隙中气体温度，K；

　　　V_{dsh}——n 节点单位长度碟形坑的容积，m^3；

　　　T_{dsh}——碟形坑中温度；

　　　V_{rf}——n 节点单位长度粗糙度容积，m^3；

　　　T_{rf}——粗糙度容积中气体温度，K。

6.11　裂变气体产量

裂变气体产量计算模型为

$$GPT(Z) = \frac{B_u(Z)V_F(Z)}{100A_v}(PR_{krypton} + PR_{Helium} + PR_{Xenon}) \qquad (6-119)$$

式中　$GPT(Z)$——高度 Z 处裂变气体产量, gm·mol;

　　　$B_u(Z)$——高度 Z 处燃耗;

　　　$V_F(Z)$——燃料体积;

　　　A_v——Avogadro's 常数;

　　　PR_{Kr}——裂变气体 Kr 产额(Atorns/100 次裂变) = 4.5;

　　　PR_{Xe}——Xe 产额(Atorns/100 次裂变) = 25.5;

　　　PR_{He}——He 产额(Atorns/100 次裂变) = 0.3。

6.12　裂变气体释放模型

计算裂变气体释放份额的模型有很多,例如 Weisman 等提出用概率法来进行裂变气体释放份额计算,模型做了以下假设:

①裂变气体中未被俘获而逃脱的比例是 K_1;

②被俘获气体在单位时间内释放出来的份额是 K_2。

经时间 t 后,释放的气体 m 为

$$m = p'\left\{ t - \frac{1-K_1}{K_1 K_2}[1 - \exp(K_1 K_2 t)] \right\} \qquad (6-120)$$

式中　p'——气体产生速率;

　　　t——时间, h。

如果反应堆的运行过程可以用一系列恒定功率下的稳态运行,则裂变气体总释放量为各恒定功率运行阶段的释放量之和。在第 i 个时间间隔 Δt_i 内释放的气体 Δm_i 为

$$\Delta m_i = p'\left\{ \Delta t_i - \frac{1-K_1}{K_1 K_2}[1 - \exp(K_1 K_2 \Delta t_i)] \right\} + C_{i-1}[1 - \exp(K_1 K_2 \Delta t_i)] \quad (6-121)$$

式中,燃料芯块中气体浓度 $C = p't - m$。因为从零时刻计起的气体总释放量是 $\sum \Delta m_i$,因此所产生的气体的释放份额应是

$$F = \frac{\sum_i \Delta m_i}{\sum_i p' \Delta t_i} \qquad (6-122)$$

MacDonald 等给出了95%密实燃料的常数:

$$K_1 = \exp\left(-\frac{12\ 450}{T} + 1.84\right) \tag{6-123}$$

$$K_1 K_2 = 0.25\exp\left(-\frac{21\ 410}{T}\right) \tag{6-124}$$

式中 T——温度；

　　t——时间。

Beyer – Hann 模型将裂变气体释放份额简化为一定温度范围的固定值,其温度区域的划分及温度区域内裂变气体释放份额见表6-2。

表 6-2　Beyer – Hann 裂变气体释放模型中的模型温度范围及释放份额

温度区间号	温度范围/K	释放份额
1	1 473 ~ 1 673	0.050
2	1 673 ~ 1 973	0.141
3	1 973 ~ 3 073	0.807

由于 Beyer – Hann 模型对裂变气体的预测有很多的误差,因此美国核管理委员会推荐了Beyer – Hann模型的修正因子:

$$F_{\text{corr}} = F_{\text{old}} + (1 - F_{\text{old}})Y \tag{6-125}$$

式中 F_{old}——未修正的份额释放率；

　　F_{corr}——修正后的份额释放率；

$$Y = \frac{1 - \exp A(B_{\text{u}} - 20\ 000)}{1 + B/F_{\text{old}}\exp C(B_{\text{u}} - 20\ 000)} \tag{6-126}$$

式中 B_{u}——燃耗,MW·d/tU；

　　$A = -4.36 \times 10^{-5}$；

　　$B = 0.665$；

　　$C = -1.107 \times 10^{-5}$。

6.13　包壳疲劳分析模型

压水堆核电厂燃料棒应该满足在负荷追随运行工况下所需的疲劳寿命要求,因此有必要对包壳的疲劳寿命进行分析。

6.13.1　积累疲劳损伤因子

MINER 法则采用线性损伤积累方法,即假定有一系列应力 $\sigma_1, \sigma_2, \sigma_3, \cdots, \sigma_m$, N_i 是在应力 σ_i 作用下达到疲劳破坏的循环次数, n_i 是在应力 σ_i 作用下的实际循环次数,按MINER 法则,积累疲劳损伤因子 F 由式(6-127)给出。当 F 小于 1 时,燃料棒的包壳不会发生疲劳破坏,满足燃料棒设计准则的要求,即

$$F = \sum_{i=1}^{m} \frac{n_i}{N_i} < 1 \qquad (6-127)$$

包壳的疲劳过程可以考虑为与功率变化有关的疲劳累积损伤过程。除了必须考虑负荷追随运行模式下的包壳局部应力变化幅度引起的累积疲劳损伤外,还需要考虑计划停堆(热停堆和冷停堆)带来的累积疲劳损伤的情况。为保证不发生疲劳破坏,必须满足式(6-127)中 $F \leqslant 1$ 的要求。

6.13.2　LANGER & O'DONNEL 经验表达式

导致 Zr-4 材料疲劳破坏循环次数的 LANGER & O'DONNEL 经验表达式为

$$S_a = \frac{E}{(4 \cdot \sqrt{N_R})}\left(\ln \frac{100}{100 - R_A}\right) + S_e = \frac{1}{2} \cdot E \cdot \Delta\varepsilon_t \qquad (6-128)$$

式中　S_a——导致材料失效的虚拟应力强度的幅值;

$\Delta\varepsilon_t$——总应变范围;

N_R——导致疲劳失效的循环次数;

E——包壳杨氏模量;

R_A——单轴拉伸试验中的截面收缩率;

S_e——有效疲劳极限,$S_e = 0.001\,490\,7E$。

6.13.3　虚拟应力幅度计算

作用于包壳局部的三个主应力分别为 σ_θ、σ_r、σ_z,并假设在这三个方向上发生了塑性变形,则应力强度与塑性应变引起的应力之和为

$$S_{ij} = \sigma_i - \sigma_j + \frac{E}{1.5} \cdot (\varepsilon_i - \varepsilon_j) \qquad (6-129)$$

式中,下标 i 分别取 θ, r, z 时,则下标 j 分别取 r, z, θ,ε_i、ε_j 是塑性应变分量。

式(6-129)中的 S_{ij} 分别在高功率和低功率下的差值为

$$\Delta S_{ij} = \left| S_{ij}(\text{高功率}) - S_{ij}(\text{低功率}) \right| \qquad (6-130)$$

将包壳椭圆度引起弯曲变形 $\varepsilon_{\text{bending}}$ 的应力叠加在 ΔS_{ij} 上,则有

$$\Delta S_{\text{max}} = \Delta S_{ij \cdot \text{max}} + \frac{E}{1.5} \cdot \varepsilon_{\text{bending}} \qquad (6-131)$$

虚拟应力的幅值 S_a 取 S_{a1} 和 S_{a2} 中较大的值:

$$S_{a1} = \frac{\Delta S_{\text{max}}}{2}$$

$$S_{a2} = \frac{206.44 \cdot \Delta S_{\text{max}}}{0.5 \cdot \Delta S_{\text{max}} + 155.133} \qquad (6-132)$$

这里 S_{a2} 是法国 MISTIGRI 程序中的经验公式。考虑到燃料芯块尺寸、运行工况、表面加工以及实验数据的分散度等不利因素,虚拟应力幅值或极限循环次数应留有一定的安全裕量,通常有如下两种方法:

(1)将虚拟应力幅值 S_a 扩大 2 倍后得到相应于 S_a 极限循环次数 N_{R1};

$$N_{R1} = \left[\frac{1}{16}\left(\ln \frac{100}{100 - R_A}\right)^2\right]\left(\frac{E}{2 \cdot S_a - S_e}\right)^2 \qquad (6-133)$$

(2)取在给定的 S_a 循环次数的 5%,即 N_{R2}:

$$N_{R2} = 0.05 \left[\frac{1}{16} \left(\ln \frac{100}{100 - R_A} \right)^2 \right] \left(\frac{E}{S_a - S_e} \right)^2 \tag{6-134}$$

极限循环次数 N_R 根据如下情况确定:

(1) $S_a < 0.5 S_e$, $N_R =$ 无穷大;

(2) $0.5 S_e \leqslant S_a < S_e$, $N_R = N_{R1}$;

(3) $S_a > S_e$, $N_R = \min(N_{R1}, N_{R2})$。

6.14 压水堆燃料棒设计验证实例

6.14.1 程序概况介绍

FRAPCON-2 程序是在美国核管理委员会(NRC)主持下,由 Idaho 国家实验室(INEL)和太平洋西北实验室(PNL)在 FRAP-S 和 GAPCON-THERMAL 程序基础上发展而形成的轻水堆核电厂燃料元件单棒整体性能分析程序。

FRAPCON-2 主要分析长期辐照下燃料元件的行为,分析内容如下:

(1)燃料和包壳的温度分布;

(2)包壳的应力、应变;

(3)包壳的氧化;

(4)燃料的辐照肿胀(swelling)和密实化效应;

(5)燃料棒的内压;

(6)燃料中的裂变气体的产生和释放;

(7)包壳破坏概率及不确定性分析(供选用)。

FRAPCON-2 采用 MATPRO-11 材性参数程序包计算各种材性数据,其计算结果还可为 FRAP-T6 和系统分析程序 RELAP4 等提供燃料元件的初始条件,如裂变气体、储能、包壳变形等。

该程序的主要限制如下:

(1)温度计算模型是稳态的,对于快速提升功率(例如功率跃升速率大于每秒 0.02% 的名义功率)的情况,分析结果偏差较大;

(2)力学分析采用小变形理论,若元件发生大变形(应变大于 5%),计算结果偏差较大;

(3)若用户选用 PELET/RADIAL 力学分析模型,则要求每一时间步长上功率变化应小于 5 kW/m。

该程序中有若干平行的模型组合可供用户选用,各种组合中的基本模型搭配关系如表6-3 所示。表中有 4 种选择,用户只需选择力学模型即可,后面模型搭配由程序自动完成,无需用户选择。根据多年的使用经验,一般选 FRACAS-Ⅰ 或 FRACAS-Ⅱ 即可,一般不用PELET/RADIAL 模型。AXISYM 模型以半个芯块为分析对象,可与前三个力学模型中任一个连接,对燃料棒作局部变形(如环脊问题)分析。但根据我们的使用经验,这个模型不十分成熟,不建议使用。

表6-3　热工-力学模型搭配关系

力学模型	燃料重定位模型	燃料导热系数模型	说明
FRACAS-Ⅰ	COLEMAN	COLEMAN	刚性芯块模型
FRACAS-Ⅱ	CARLSON	修正的COLEMAN	可变形芯块模型
PELET/RADIAL	常量接触	WILLIFORD	开裂芯块模型
AXISYM	—	—	二维有限元模型

　　程序中有6个裂变气体释放计算模型(表6-4)供用户选用,但一般用前4个模型即可,后两个为机理性裂变气体释放计算模型,计算结果有很多误差,模型并不成熟。

表6-4　裂变气体释放计算模型

模型名称	主要特点	研发单位
Beyer-Hann	经验模型	PNL
Booth	采用经验常数的扩散模型	AECL
MacDonald-Weisman	采用经验常数的随机释放模型	INEL
ANS-5.4	较细致的扩散模型	PNL
GRASS	机理性分析模型	ANL
FASTGRASS	简化的GRASS模型	ANL

6.14.2　燃料棒节点划分和输入数据

　　对于一个要计算的燃料棒,首先要进行节点划分。将燃料棒沿轴向等距离分成若干段,沿径向分成若干同心圆环。轴向段数目没有限制,一般划分15~50段即可。包壳径向分2个环(3个节点),芯块分10环(11个节点)。径向分环与选用的力学模型有关,可参阅说明书。

　　输入数据格式说明如下:

　　(1)FRAPCON-2输入数据由下列7组组成

　　①不确定度分析选择卡,给出是否作不确定度分析的信息;

　　②不确定度分析名字表输入数据块;

　　③计算题目的标题卡;

　　④模型选择和控制信息输入数据;

　　⑤燃料棒设计参数、运行工况有关输入数据模块;

　　⑥计算结果输出的控制模块;

　　⑦绘图信息控制输入模块。

　　(2)变量名称表(NAMELIST)输入格式的基本要求

　　FRAPCON-2最基本的输入数据由FRPCN和FPRPCON两个变量名称数据块组成。源程序用"NAMELIST"定义好了所有输入变量的名称,输入时,只需在数据块中对相应的变量进行赋值即可。详细要求参阅程序说明书。

（3）输入数据块的组织

要完成一项计算,应该仔细了解输入数据的说明,根据计算需求,对上述 7 组数据进行组合,选择相应的数据块,并给数据块中的变量进行赋值。详细可参阅后面给的例题。

（4）FRAPCON - 2 使用说明

随着计算机技术的发展,现在的 FRAPCON - 2 程序已经完成了微机版的开发。完成输入数据准备后,即可上机计算。计算结果在输出文件中,取出有关数据,用其他软件进行作图。

6.14.3 实例计算和数据整理

用程序分析的是秦山一期核电厂燃耗最深的燃料棒(most spent rod, MSR), MSR 在三个运行周期内的功率历史见图 6 - 16,燃料棒在堆内经过三个换料周期,每个换料周期运行的时间分别为:第一周期 375 天,第二周期从 375.1 到 739 天,第三周期从 739.1 到 1 107.5 天。燃料棒和冷却剂流道主要参数见表 6 - 5,其三个运行周期内的轴向线功率分布因子见图 6 - 17。

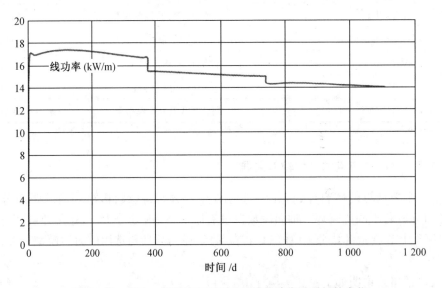

图 6 -16 秦山一期核电厂 MSR 平均线功率随时间的变化

表 6 -5 秦山一期燃料棒和冷却剂主要参数

名称	参数
燃料棒外直径	0.010 m
包壳内直径	0.008 6 m
包壳表面算术平均粗糙度	0.263 μm
芯块直径	0.008 43 m
芯块实际密度与理论密度比	95%
芯块碟形坑深度	0.35 mm
燃料棒外直径	0.010 m

表 6 - 5(续)

名称	参数
芯块高度	10 mm
燃料棒芯块堆积高度	2 900 mm
芯块表面算术平均粗糙度	0.709 μm
燃料棒气腔高度	240 mm
初始充氦压力	1.96 MPa
流道加热当量直径	12.53 mm
入口水温	561.95 K
冷却剂流速	3.4 m/s
系统压力	15.19 MPa
轴向平均快中子流密度	6.3×10^{13} $cm^{-2} \cdot s^{-1}$

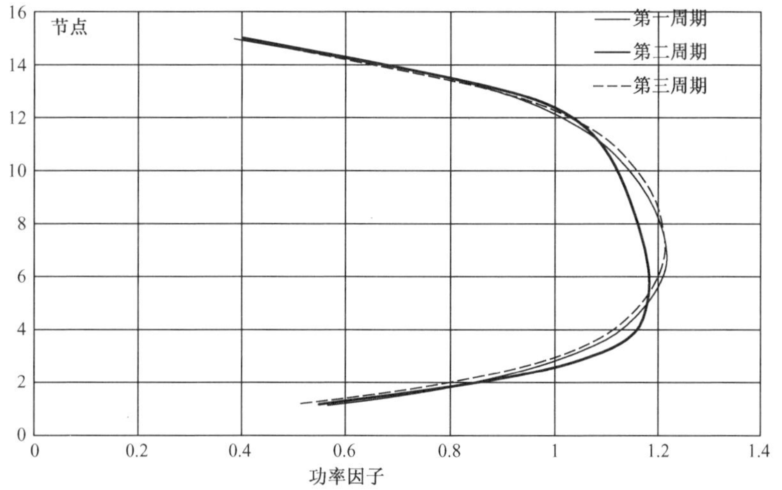

图 6 - 17　秦山一期核电厂 MSR 在三个运行周期内的轴向功率因子分布

FRAPCON - 2 计算时将燃料棒轴向划分为 15 段,选用 FRACAS - I 力学模型,径向节点划分按该力学模型规定由程序自行划分。

6.14.4　主要计算结果

表 6 - 6 给出了例题的主要计算结果。对照压水堆燃料棒设计准则,整个寿期内,燃料芯块最高温度为 1 232 ℃,远低于燃料的熔点。燃料棒在运行寿期内的最高内压为 7.92 MPa,远低于冷却剂压力。包壳的最高应力和应变、EOL 的包壳水侧腐蚀厚度和吸氢量均在设计准则要求之内。

整个运行寿期内,燃料芯块最高中心温度发生在轴向第七段。图 6 - 18 给出了该段燃料芯块中心温度随燃料棒平均燃耗的变化趋势。图 6 - 19 和图 6 - 20 分别给出了 MSR 的裂变气体释放份额和燃料棒内压随平均燃耗变化的趋势。图 6-21 和图 6-22 给出轴向第七段的包壳轴向应力和应变随平均燃耗变化的趋势。

表 6-6　FRAPCON-2 程序分析秦山一期 MSR 的主要结果

项目	设计准则要求	算结果	评价
燃料中心最高温度/℃	小于 2590	1232	满足设计准则
燃料表面最高温度/℃	—	677	—
包壳内表面最高温度/℃	—	346	—
包壳外表最高温度/℃	—	342	—
氧化膜外表最高温度/℃	—	341	—
最高出口水温/℃	—	325	—
最高内压/MPa	小于 15.2	7.922	满足设计准则
最高接触压力/MPa	—	12.31	—
包壳水侧腐蚀厚度/μm	不超过 70	50.06	满足设计准则
EOL 包壳吸氢/10^{-6}	小于 250	45.7	满足设计准则
包壳最高周向应力/MPa	—	-88.88	—
包壳最高轴向应力/MPa	—	-47.2	—
包壳最高周向应变/%	小于 1	-0.10	满足设计准则
包壳最高轴向应变/%	—	-0.14	—
包壳周向永久变形/%	—	-1.16	—
EOL 裂变气体释放份额(%)	—	6.23	—
EOL 包壳轴向伸长(%)	—	0.49	—

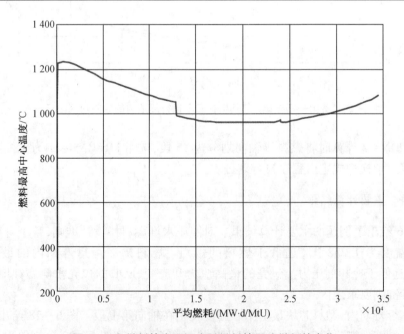

图 6-18　燃料棒中心温度随燃料棒平均燃耗的变化

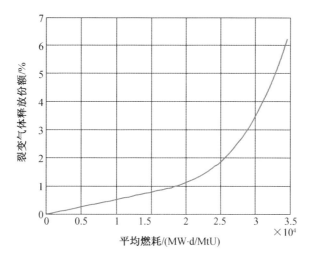

图 6-19　裂变气体释放份额随燃料棒平均燃耗的变化

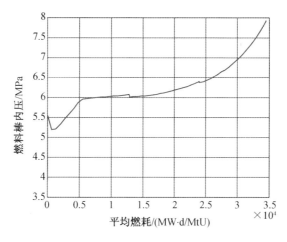

图 6-20　燃料棒内压随燃料棒平均燃耗的变化

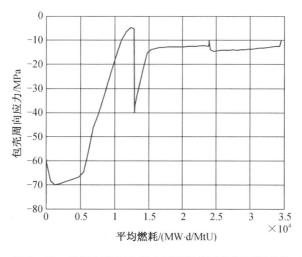

图 6-21　燃料包壳周向应力随燃料棒平均燃耗的变化

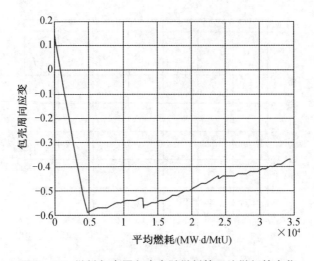

图 6 – 22　燃料包壳周向应变随燃料棒平均燃耗的变化

第7章 压水堆燃料元件包壳和 芯块的物性参数

7.1 包　壳

锆合金包壳的力学模型有热膨胀、弹性模量、轴向伸长、应力-应变关系、冷加工和辐照损伤的热退火模型等。这些模型较为成熟,美国核管理委员会主持开发的 MATPRO 材料物性库中包含了这些模块,已经成功应用于世界不同国家开发的燃料元件性能分析程序中(如美国核管理委员会开发的燃料行为分析程序 FRAPCON 系列、热工水力分析程序 RELAP 系列,德国的燃料行为分析程序 TRANSURANUS、法国 CEA 的 METEOR 程序等)。三十多年的使用经验表明,这些锆合金包壳力学性能模块与其他模块一起使用,能够对锆包壳燃料的堆内性能做出很好的预测。

锆合金有不同种类,因此每种锆合金的力学性能应该是有差别的,但力学模型是较为宏观的,模型具有一定的通用性。本章列出的模型和数据包主要来自美国 MATPO 材料物性数据库,这个数据库已经广泛应用于燃料元件行为分析程序中。还有部分模型和数据来自法国 CEA 的燃料元件行为分析程序 METEOR。这些模型和数据略有重叠,使用者可自行判别选择。对于其中未注明锆合金类型(Zr-2 或 Zr-4)的模型和数据,经验表明其是可以通用的,或者对原有的模型和数据进行适当的外推后使用也是可行的。

另外,从文献得出 Zr-2 和 Zr-4 合金在冷加工和退火两种状态下的屈服极限、强度极限和延展性随辐照中子注量的变化关系曲线,通过数值拟合给出了这些模型的数学公式,这对于判别辐射过程中锆合金材料是否到达失效阈值具有重要作用。

7.1.1 热膨胀

本节模型描述了锆合金包壳热膨胀引入的轴向和径向变形。由于收集到的数据较为分散,该模型并不对 Zr-2 和 Zr-4 合金分别进行单独的讨论,这两种锆合金材料的变形使用同样的热膨胀模型。

1. 概述

锆合金在不同的温度范围内表现为不同的晶相结构,当温度为 300~1 073 K 时,为 α相;当温度为 1 073~1 273 K 时,为 α+β 相;当温度为 1 273 K 以上直至熔点时,为 β 相。在不同的相结构下,锆合金的热膨胀有不同的关系式。

（1）α 相

$$\frac{\Delta L}{L_0} = 4.44 \times 10^{-6} T - 1.24 \times 10^{-3} \qquad (7-1)$$

$$\frac{\Delta D}{D_0} = 6.72 \times 10^{-6} T - 2.07 \times 10^{-3} \qquad (7-2)$$

式中　$\dfrac{\Delta L}{L_0}$——轴向热膨胀应变，L_0 为某参考温度下轴向长度，m；

　　　$\dfrac{\Delta D}{D_0}$——径向热膨胀应变，D_0 为某参考温度下径向长度，m；

　　　T——温度，K。

（2）β 相

$$\frac{\Delta L}{L_0} = 9.7 \times 10^{-6} T - 1.10 \times 10^{-2} \qquad (7-3)$$

$$\frac{\Delta D}{D_0} = 9.7 \times 10^{-6} T - 9.45 \times 10^{-3} \qquad (7-4)$$

（3）α + β 相

当温度在 1 073 ~ 1 273 K 之间时，文献中给的实验数据较少，只有 Scott 的数据可用，该温度下需要的数据可通过这些已有的实验数据进行线性插值获得。

将本模型计算的数据和模型所依赖的实验数据进行比对即可得到该模型的不确定性，因为混合相的实验数据较少，预测结果偏离实验数据较大，预测结果如下：

$$\begin{cases} \pm 10\%, & 300 < T < 1\,073K \\ \pm 50\%, & T > 1\,073\ K \end{cases} \qquad (7-5)$$

2. 模型在不同方向上的差异

模型在不同方向上的差异可能来源于材料不同方向上织构对该方向的影响。本模型的实验数据多来自板状包壳，在包壳不同的切向上，由于其织构的不同使得变形公式也略有不同。但是，织构和热膨胀对管状包壳轴向的影响与其对板状包壳纵向方向的影响相似，这就使得我们能够用板状包壳的径向热膨胀数据来近似管状包壳轴向变形。同理，管型包壳周向对应板状包壳长横向，管状包壳径向对应板状包壳短横向。

3. 包壳低温热膨胀

大部分材料的低温热膨胀可以用以下公式给出：

$$\frac{\Delta l}{l_0} = K_1 (T - T_0) = K_1 T - K_2 \qquad (7-6)$$

式中　l——径向或轴向长度，m；

　　　l_0——T_0 下的长度；

　　　T_0——零变形时的温度，K；

　　　K_1——线膨胀系数（K_r^{-1}）；

　　　$K_2 = K_1 T_0$。

对实验数据使用最小二乘法拟合得到各项系数，计算结果显示，二次逼近的结果和三次逼近的结果非常接近，具有很好的近似性。零变形时的温度即为参考温度，因此，$T_0 = K_2 / K_1$，由实验数据得：

$$\begin{cases} T_0 = 279\ \text{K}, & \text{轴向热膨胀} \\ T_0 = 308\ \text{K}, & \text{径向热膨胀} \end{cases}$$

该温度直接和热膨胀相关,是热膨胀计算中的临界变形计算温度。

4. 高温膨胀

高温合金的实验数据较少,对于 β 相模型,直接使用金属锆的热膨胀性能计算模型。

5. α + β 相的热膨胀

混合相的起止温度分别为 1 083 K 和 1 244 K,当温度低于 1 083 K 时,锆合金为密排六方结构,即 α 相。当温度高于 1 244 K 时,锆合金为体心立方结构,即 β 相。在混合相,当锆合金由 β 相冷却到 α 相时,合金体积会收缩。当合金经历了混合相,在冷却到室温时,其在各个方向上的尺度都和原先的有所不同。它在长度上可增可减,产生这种变化的原因目前还不能确定。因此,热膨胀模型包括了锆合金第一次发生 α 向 β 相转变时的变形。

6. 不确定性分析

随着温度升高,实验数据逐渐变得发散,但由一个值并不能很好地代表式(7 - 1)至式(7 - 6)的不确定性。然而,在整个温度范围内,数据偏差还是比较稳定的。几乎所有的计算结果都在 ±10% 偏差内。

在混合相本,模型计算结果大致是 Mehan 和 Cutler 报道的数据的一半。当温度高于 1 250 K 时却没有相应的实验数据可用,因此当温度高于 1 073 K 时,模型计算结果的不确定性为 ±10%。

7.1.2　包壳弹性模量

锆合金在屈服点以下作的应力 - 应变关系遵循从胡克定律,其中最重要的参数就是弹性模量。在本节将锆合金看作各向同性的材料,这样就只需要两个独立的弹性模量就能导出整个应力 - 应变关系。这两个量分别是杨氏模量和剪切模量。

1. 概述

影响锆合金弹性模量的因素主要有温度、氧含量、快中子通量、冷加工、织构。本节的表达式涉及上面四个因素,但是在轻水堆中后面两个作用因子远不及前两个因子的作用大。模型主要基于 Bunnell、Fisher 和 Renken、Armstrong 和 brown,Padel 和 Groff 的实验数据。这些数据能很好地描述很大温度范围内织构对材料弹性模量的影响。而其他的一些数据则提供了快中子对材料模量的影响。

2. 各向同性锆合金杨氏模量的计算公式

(1)α 相

$$Y = (1.088 \times 10^{11} - 5.475 \times 10^{7} T + K_1 + K_2)/K_3 \qquad (7-7)$$

(2)β 相

$$Y = 9.21 \times 10^{10} - 4.05 \times 10^{7} T \qquad (7-8)$$

(3)α + β 混合相

该部分的弹性模量由 α 相到 α + β 相的分界点、α + β 相到 β 相的分界点,两点间的线性插值获得,标准误差为 6.4×10^{9} Pa。其中

$$K_1 = (6.61 \times 10^{11} + 5.912 \times 10^{8} T)\Delta$$

$$K_2 = -2.6 \times 10^{10} F_{\text{CW}} \qquad (7-9)$$

$$K_3 = 0.88 + 0.12\exp(-\Phi/10^{25})$$

Y——具有任意织构 Zr – 2, Zr – 4 的杨氏模量, Pa;

T——包壳温度, K;

K_1——氧浓度修正;

K_2——冷加工修正;

K_3——快中子通量修正;

Δ——平均氧浓度减去初始氧浓度(0.12%);

F_{CW}——冷加工因子;

Φ——快中子通量, m^{-2}。

3. 各向同性锆合金剪切模量的计算公式

(1)α 相

$$G = (4.04 \times 10^{10} - 2.168 \times 10^7 T + K_1 + K_2)/K_3 \qquad (7-10)$$

(2)β 相

$$G = 3.49 \times 10^{10} - 1.66 \times 10^7 T \qquad (7-11)$$

(3)α + β 混合相

该部分的弹性模量由 α 相到 α + β 相的分界点、α + β 相到 β 相的分界点, 两点间的线性插值获得。其中

$$K_1 = (7.07 \times 10^{11} - 2.315 \times 10^8 T)\Delta \qquad (7-12)$$

该模型的标准偏差为 9×10^9 Pa。

7.1.3　包壳轴向伸长

影响包壳轴向辐照伸长的因素有快中子通量、包壳织构、温度、冷加工等, 这些因素对 Zr – 2 和 Zr – 4 的影响是相同的。由辐照引起的包壳轴向伸长比较小, 但是它却是燃料棒与上下管座受力的重要组成部分。燃料棒和上下管座接触可能会导致燃料棒弯曲。

1. 概述

包壳在 40 ~ 360 ℃间辐照伸长的关系式为

$$\frac{\Delta L}{L} = A[\exp(240.8/T)](\Phi T)^{1/2}(1 - 3f_z)(1 + 2.0F_{CW}) \qquad (7-13)$$

式中　$\dfrac{\Delta L}{L}$——轴向伸长应变;

$A = 1.407 \times 10^{-16}, m^{\frac{3}{2}}$;

T——包壳温度, K;

Φ——快中子通量率, $m^{-2} \cdot s^{-1}$ ($E > 1.0$ MeV);

T——时间, s;

F_z——轴向织构因子, 通过 X 射线衍射图样可以测出单晶⟨0001⟩方向平行于包壳轴向的份额。F_z 一般取 0.05;

F_{CW}——冷加工因子。

当温度低于 40 ℃时, 取 $T = 40$ ℃, 当温度高于 360 ℃时, 取 $T = 360$ ℃。

2. 方法论述

锆合金包壳的辐照伸长受织构因子的影响较大。因此, 首先要考虑织构对伸长的影响, 而且在考虑其他因素之前, F_z 取标准织构因子 0.05。本模型是在退火材料的基础上建

174

立的,所以诸如织构、中子通量、温度等因子都从冷加工退火样品的实验数据中剔除(织构因子为 0.05,中子通量为 $2 \times 10^{25}\,\mathrm{m}^{-2}$,温度为 300 ℃)。同时,因为数据有限,冷加工跟其他三个因子的相互影响无根可循,因此冷加工的影响并没有深究。

本节假设快中子注量和温度都通过改变材料点缺陷浓度以影响其伸长。根据实验数据,建立经验公式以说明温度、快中子通量、时间、伸长之间的复杂关系。该经验公式同时也建立了冷加工对辐照伸长的影响。最终我们得到以下结论:低通量下冷加工可以增加包壳轴向伸长,而高通量下退火材料的伸长迅速下降;在更高的通量下,冷加工持续影响伸长,作用效果跟辐照之初效果相近。

3. 实验数据

Zr 金属,Zr – 2,Zr – 4 的样品在快中子($E > 1$ MeV)通量为 $10^{25}\,\mathrm{m}^{-2}$ 的辐照下,轴向有少于 0.1% 的伸长。

早期关于 Zr – 4 在 300 ℃下轴向伸长的数据由 Kreyns 取得。该实验数据结果显示冷加工管的伸长同快中子(低于最大通量 $10^{25}\,\mathrm{m}^{-2}$)的平方根成正比。退火管的伸长在 $4 \times 10^{24}\,\mathrm{m}^{-2}$ 的通量下达到饱和,该处的伸长率为 4×10^{-4}。然而,其他研究者称,伸长饱和现象不是由中子注量或净伸长所决定的。

Harbottle 的实验报道了 Zr – 2 管的横向和纵向伸长差异。该实验样品先退火,然后在 19 ℃,40 ℃,80 ℃下辐照。在切割和退火前后,样品的轴向和周向织构因子分别为 13% 和 36%。这两方面的实验数据转换为轴向伸长的方程如下所示:

$$\frac{1 - 3f_z}{1 - 3f_\Phi} = \frac{\text{轴向伸长}}{\text{周向伸长}} \tag{7 – 14}$$

式中,f_z,f_Φ 分别代表轴向和轴向织构因子

另外一种近似方法由 Daniel 给出。该实验测试了燃料棒径向和轴向的应变。因为在该实验中并没有观察到芯块与包壳的相互作用(PCI),所以该近似剔除了芯包相互作用和包壳内外压差的影响。对于反应堆燃料元件,尤其是压水堆燃料元件在运行的中后期,燃料芯块和包壳一定是相接触的,必将产生 PCI 效应,所以 Daniel 的近似对燃料元件在中后期的运行不再有指导意义。

4. 轴向、周向伸长的织构效应

单晶织构和多晶织构相关联,材料伸长可以很直观地从其晶体结构上加以分析。对于密排六方晶体,我们可以认为是基平面上的三个轴伸长 m,而 c 轴上缩短 n。虽然晶体单元的尺寸并不能代表晶粒的行为,但可将其当作整体的抽象图像来理解晶粒的伸长。由于晶体单元的体积不变,则有 $(1 + m) = (1 - n)^{-1/2}$。

根据 X 射线衍射图像,将晶粒 c 轴平行于三个参考方向(径向、轴向、周向)的份额作为位向参数。c 轴与三个参考方向的夹角的余弦平方作权重,计算不同朝向的晶粒在材料中的体积份额,具体如下:

$$F = \frac{\sum\limits_i V_i \cos^2 \theta_i}{\sum\limits_j V_j} \tag{7 – 15}$$

多晶体体积性质可以表述为

$$P_{\mathrm{ref}} = f P_{/\!/} + (1 - f) P_\perp \tag{7 – 16}$$

或

$$P_{\eta} = P_{//}\cos^2\eta + P_{\perp}\sin^2\eta \tag{7-17}$$

式中　P_{η}——与轴向夹角为 η 的单晶的参数；

　　　$P_{//}$——沿着轴向的单晶的参数；

　　　$P_{\perp}$——垂直轴向的单晶的参数。

假设两个晶体单元中心的坐标分别为 $-x/2, -y/2, -z/2$ 和 $x/2, y/2, z/2$，那么两者之间的距离为

$$l^2 = X^2 + Y^2 + Z^2$$

或

$$l^2 = l_0^2(1-n)^2\cos^2\theta + l_0^2(l+m)^2\sin^2\theta \tag{7-18}$$

式中　l_0——两点间距离；

　　　n, m——晶体变形参数；

　　　θ——两点连线和 c 轴间夹角。

式(7-16)中的 $P_{//}, P_{\perp}$ 即式(7-18)中的 $l_0^2(1-n)^2, l_0^2(1+m)^2$，故式(7-8)又可改写成

$$l^2 = l_0^2(1-n)^2 f + l_0^2(1+m)^2(1-f) \tag{7-19}$$

所有多晶体样品的长度沿参考方向的变形为

$$\frac{\Delta l}{l_0} = \frac{l-l_0}{l_0} = \sqrt{(1-n)^2 f + (1+m)^2(1-f)} - 1 \tag{7-20}$$

参数 n, m 分别代表单晶沿 c 轴和 a 轴的长度变化。因为锆合金的伸长都小于 1%，因此 n, m 都是非常小的数值，上式就可以在 $n = m = 0$ 点展开成

$$\frac{\Delta l}{l_0} \approx 1 + m - (n+m)f + O(n^2) + O(m^2) + O(mn) \tag{7-21}$$

又因为变形过程中晶粒体积不变，故有 $(1+m) = (1-n)^{-1/2}$，该式又可写成

$$\frac{\Delta l}{l_0} \approx \frac{n}{2}(1-3f) + O(n^2) \tag{7-22}$$

式(7-21)和(7-22)适用于任何参考方向，因此对于包壳管轴向伸长，$\dfrac{\Delta l}{l}$ 是包壳轴向的应变，f_z 是针对轴向的未向参数。由于包壳周向是径向的 π 倍，这两个方向的应变可以同时考虑。当 f 取 f_{θ} 时，$\dfrac{\Delta l}{l}$ 就是包壳管径向或者周向的应变。

5. 快中子通量对辐照伸长的影响

许多文献都将快中子的影响总结为经验公式：

$$辐照伸长 \propto (通量)^q \tag{7-23}$$

其中 q 的取值可以为 $0.3 \sim 0.8$。虽然根据不同的实验数据可获得不同的 q 值，但是这样确定的 q 值欠妥。Hesketh 则认为，辐照伸长应该跟通量的平方根成正比，即 $q = 1/2$，并且在 $300\ ℃$ 处，饱和现象出现之前，该公式都能很好地模拟实验结果，不因温度、通量、冷加工的影响而产生大的偏离。

根据 Harbottle 所述，辐照伸长应该跟间隙原子密度成正比。这就意味着，它也应该跟间隙原子的产量成正比，跟间隙原子的消失量成反比。而间隙原子消失率正比于 $\exp\left(\dfrac{E_M}{RT}\right)$，故有

$$\frac{\Delta L}{L} \propto \Phi \exp\left(\frac{E_M}{RT}\right) \tag{7-24}$$

式中　E_M——间隙迁移能；

　　　R——气体常数。

E_M 随温度而变，但是在任何实验里 E_M 都不能固定，所以鉴于定出 E_M 随温度变化的复杂关系很困难，人们提出根据实验数据赋予 E_M 一个常量。所以 E_M 只能随温度的升高作阶段性的调整。但是值得注意的是，在轻水堆的正常工况温度范围内，伸长还是有部分温度依赖性的。最终，我们取伸长公式为

$$\frac{\Delta L}{L} \propto \exp\left(\frac{240.8}{T}\right) \tag{7-25}$$

通过 Harbottle 的数据，在 40 ℃ ~80 ℃ 范围内，$E_m = 0.3$ eV。而在其他实验数据中，由于原子迁移的作用，此值又会有所不同，当温度在 -196 ℃ 时，$E_m = 0.075$ eV，当温度为 354 ℃ 时，$E_m = 0.517$ eV。这一组数据也符合实验结果。

6. 冷加工的影响

可根据一般性结论和经验公式来描述冷加工对辐照生长的影响。300 ℃ 下锆合金样品的辐照生长与快中子注量和冷加工比例之间的实测数据见表 7-1，数据显示，在未饱和中子注量区内，冷加工使得锆合金的辐照生长量增加。

表 7-1　锆合金辐照生长与快中子注量和冷加工比例的关系试验数据

快中子注量 10^{24} m^{-2}	锆合金辐照生长		
	$F_{CW} = 0$	$F_{CW} = 20\%$	$F_{CW} = 30\%$
14	7.4×10^{-4}	7.8×10^{-4}	17.4×10^{-4}
20	8.2×10^{-4}	11.7×10^{-4}	24.4×10^{-4}
30	9.2×10^{-4}	17.3×10^{-4}	36.4×10^{-4}

在同一快中子注量水平下，辐照生长与冷加工比例之间近似呈线性关系。设快中子注量的影响因子为 D_{FN}，文献中多用 $(1 + D_{FN} \cdot F_{CW})$ 的方式进行近似。则锆合金的辐照生长与快中子注量和冷加工比例的关系式为

$$D_{FN} = \frac{1}{F_{CW}}\left(\frac{\text{有冷加工成分的辐照生长}}{\text{无冷加工成分的辐照生长}} - 1\right) \tag{7-26}$$

对于表 7-1 中的三种快中子注量水平，D_{FN} 的取值分别为 1.7、2.0 和 3.8。

7. 模型和不确定性估计

本模型并不打算对低中子通量和辐照饱和剂量以上时出现的高伸长率进行细致研究。当中子通量较低时，可以用竞争过程来解释个别较大的实验结果，但是这样也需要更多的实验数据来进行验证。这些可能的影响如下：

(1) 去应力导致附加的长度变化；

(2) 快中子通量的变化导致不同的伸长率；

(3) 间隙原子迁移能随温度的变化使温度模型中存在误差。

同样的问题也存在于饱和剂量以上的模型研究中。在 Kreyns 和 Fidleris 的实验中，有

足够的数据显示这些饱和效应并不仅仅是中子通量和伸长应变的函数。然而，可用于评估饱和效应和其他参数间的数据非常少。

利用本模型中并未用到的实验数据来估算模型的不确定性，如 300 ℃下冷加工因子为 0% 的板状样品。将该数据与模型在 300 ℃下的计算结果比较，误差接近 10%。当中子注量大于 10^{24} m^{-2} 时，误差也是在 10% 左右。当温度在 40 ~ 360 ℃下，此不确定度是比较合理的。

当温度低于此范围，中子注量小于 10^{24} m^{-2} 时，伸长率误差会大于 10%，在更低的中子注量范围内，误差甚至超过 100%。这么大的误差可能是去应力效应造成的。

7.1.4　包壳蠕变

当反应堆稳态运行时，包壳会发生蠕变。蠕变对研究芯块与包壳的间隙尺寸和外形、估算间隙热导有重要的作用。本节将描述包壳的蠕变效应，实验数据来自压水堆包壳和堆外包壳外形随时间的变化数据。

锆合金包壳的周向蠕变以包壳温度、周向应力、快中子通量和时间为自变量。当没有快中子影响时，蠕变关系式为

$$\dot{\varepsilon}_p = (5 \times 10^{-23}) \sigma^2 \left[(3.47 \times 10^{-19}) \frac{\sigma^3}{|\sigma|} \exp(-U/T) - \varepsilon_p \right] \exp(-U/T) \quad (7-27)$$

式中　$\dot{\varepsilon}$——零注量时周向应变率；

$\quad\quad\varepsilon_p$——零通量时周向应变；

$\quad\quad\sigma$——周向应力，Pa；

$\quad\quad T$——温度，K；

$\quad\quad U$——激活能，$U = (2.1427 \times 10^2) + T[(-5.324 \times 10^{-1}) + T(1.17889 \times 10^4) + T(3.3486 \times 10^{-7})]$。

考虑快中子影响时，式（7-27）给出的应变率上升，而描述快中子对应变率贡献的公式为

$$\dot{\varepsilon}_i = \frac{2.2 \times 10^{-7}}{T^7} (\Phi^{0.65}) \sigma \exp(-5\,000/T) \quad (7-28)$$

式中　$\dot{\varepsilon}_i$——快中子作用下，周向应变率的增长；

$\quad\quad\Phi$——快中子注量，m$^{-2} \cdot$ s^{-1}。

表示反应堆内包壳的蠕变公式应该是公式（7-27）和（7-28）的综合，即

$$\varepsilon_{final} = c_{initial} + \left[(3.47 \times 10^{-19}) \frac{\sigma^3}{|\sigma|} \exp(-U/T) - \varepsilon_{p,initial} \right] \cdot$$
$$\{ 1 - \exp[-5 \times 10^{-23} \sigma^2 \exp(-U/T) \Delta t] \} +$$
$$\frac{2.2 \times 10^{-7}}{T^7} (\Phi^{0.65}) \sigma \exp(-5\,000/T) \Delta t \quad (7-29)$$

式中　ε_{final}——循环末期周向应变；

$\quad\quad c_{initial}$——循环初始的周向应变；

$\quad\quad\varepsilon_{p,initial}$——零中子下循环初的周向应变；

$\quad\quad\Delta t$——时间步长，s；

$\quad\quad U$——激活能，$U = (2.1427 \times 10^2) + T[(-5.324 \times 10^{-1}) + T(1.17889 \times 10^{-4}) +$

$T(3.3486 \times 10^{-7})]$。

由于堆内实验数据有限，由公式(7-36)给出的误差估计为50%。下面将分别对各方面对蠕变的影响加以概括总结。

1. 包壳应力应变关系

(1)弹性区:遵循胡克定律。

(2)塑性区

$$\sigma = K \varepsilon^n \left[\frac{\dot{\varepsilon}}{10^{-3}/\text{s}} \right]^m \tag{7-30}$$

式中　σ——真应力;

K——强度系数;

$\dot{\varepsilon}$——真应变率;

m——应变率敏感常数。

2. 温度、应变率对系数的影响

$$n = \begin{cases} -1.86 \times 10^{-2} + T[7.11 \times 10^{-4} - T(7.721 \times 10^{-7})], & T < 850 \text{ K} \\ 0.027\ 908, & T \geq 850 \text{ K} \end{cases} \tag{7-31}$$

$$K = \begin{cases} 1.088\ 4 \times 10^9 - T(1.0571 \times 10^6), & T \leq 730 \text{ K} \\ A_1 + T[A_2 + T(A_3 + TA_4)], & 730 \text{ K} < T < 900 \text{ K} \\ \exp\left(8.755 + \dfrac{8\ 663}{T}\right), & T \geq 900 \text{ K} \end{cases} \tag{7-32}$$

$$A_1 = -8.152\ 540\ 53 \times 10^9$$
$$A_2 = 3.368\ 940\ 331 \times 10^7$$
$$A_3 = -4.317\ 334\ 084 \times 10^4$$
$$A_4 = 1.769\ 348\ 499 \times 10^1$$

$$m = \begin{cases} 0.02, & T \leq 730 \text{ K} \\ A_5 T[A_6 + T(A_7 + TA_8)], & 730 \text{ K} < T < 900 \text{ K} \\ -6.47 \times 10^{-2} + T(2.203 \times 10^{-4}), & 900 \text{ K} \leq T \leq 1\ 090 \text{ K} \\ -6.47 \times 10^{-2} + T(2.203 \times 10^{-4}) + \begin{cases} 0, \dot{\varepsilon} \geq 6.43 \times 10^{-3}/\text{s} \\ 6.78 \times 10^{-2} \ln(6.34 \times 10^{-3}/\dot{\varepsilon})[T - 1\ 090/82.5], \\ 1\ 090 \text{ K} < T \leq 1\ 172.5 \text{ K} \\ \dot{\varepsilon} < 6.34 \times 10^{-3}/\text{s} \end{cases} \\ -6.47 \times 10^{-2} + T(2.203 \times 10^{-4}) + \begin{cases} 0, \dot{\varepsilon} \geq 6.43 \times 10^{-3}/\text{s} \\ 6.78 \times 10^{-2} \ln(6.34 \times 10^{-3}/\dot{\varepsilon})[1\ 255 - T/82.5], \\ 1\ 172.5 \text{ K} < T \leq 1\ 255 \text{ K} \\ \dot{\varepsilon} < 6.34 \times 10^{-3}/\text{s} \end{cases} \\ -6.47 \times 10^{-2} + 2.203 \times 10^{-4} T, & T \geq 1\ 255 \text{ K} \end{cases}$$

$$\tag{7-33}$$

$$A_5 = 20.631\ 721\ 61$$
$$A_6 = -7.704\ 552\ 983 \times 10^{-2}$$

$$A_7 = 9.504\ 843\ 067 \times 10^{-5}$$

$$A_8 = -3.860\ 960\ 716 \times 10^{-8}$$

3. 各向异性的影响

$$A_1 = \frac{R}{R+1}$$

$$A_2 = -\frac{R - 5.4}{4.4(R+1)} \tag{7-34}$$

$$A_3 = \frac{1}{R+1}$$

式中 R——单轴拉伸实验中,周向径向应变比,且有

$$R = \begin{cases} 2.65 + T\left[1.36 \times 10^{-3} - T(2.27 \times 10^{-6})\right], & T < 1\ 203.233, \varepsilon < 0.15 \\ 1 - \dfrac{0.3}{0.022\ 5}\left[1 - R_0\right]\varepsilon_{\text{eff}} + \dfrac{1}{0.022\ 5}\left[1 - R_0\right]\varepsilon_{\text{eff}}^2, & T < 1\ 203.233, 0.15 < \varepsilon < 0.3 \\ 1, & \text{其他} \end{cases} \tag{7-35}$$

其中 ε_{eff} 为有效应变。

4. 中子注量和冷加工因子对各参量的影响

$$RIC = \left[0.847\exp(-39.2CWN) + 0.153 + \right.$$

$$\left. CWN(-9.16 \times 10^{-2} + 0.229CWN)\right]\exp\left[\frac{-\varPhi^{1/3}}{3.73 \times 10^7 + (2 \times 10^8 CWN)}\right] \tag{7-36}$$

式中 RIC——辐照和冷却后材料应变硬化指数;

  CWN——跟 n 相关的有效冷加工。

$$DK = (0.546COLDW)K + (5.54 \times 10^{-18})\varPhi \tag{7-37}$$

式中 DK——辐照和冷加工的强度因子;

  CWK——跟 m 相关的有效冷加工。

5. 氧化作用对参数的影响

$$RNO = 1 + \left[1\ 250 - \frac{1\ 250}{\exp\left[\dfrac{T - 1\ 380}{20}\right] + 1}\right]Y$$

$$RKO = 1 + \left[1\ 220 - \frac{990}{\exp\left[\dfrac{T - 1\ 300}{61}\right] + 1}\right]Y \tag{7-38}$$

$$RMO = \exp(-69Y)$$

式中 RNO——氧化包壳的 $n \div$ 辐照氧化后的包壳的 n;

  RKO——氧化包壳的 $K \div$ 辐照氧化后的包壳的 K;

  RMO——氧化包壳的 $m \div$ 辐照氧化后的包壳的 m;

  Y——平均氧浓度。

6. 冷加工和辐照损伤的热退火

(1) 与强度系数(K)相关的量

$$FN = \exp\left[-12.032(1 + 2.2 \times 10^{-25}\phi_{N0})(t)\exp\left(\frac{-2.33 \times 10^{18}}{T^6}\right)\right] \tag{7-39}$$

$$FK = \exp\left[-1.504(1 + 2.2 \times 10^{-25}\phi_{K0})(t)\exp\left(\frac{-2.33 \times 10^{18}}{T^6}\right)\right] \qquad (7-40)$$

式中

$$FK = \frac{时间步长末强度系数(K)相关的有效冷加工}{步长初强度因子相关的有效冷加工} \qquad (7-41)$$

ϕ_{K0}——时间步长初,强度系数(K)相关的有效快中子通量,m^{-2};

T——包壳温度,K。

$$\frac{10^{20}}{\phi_K} = 2.49 \times 10^{-6}(t)\exp\left(\frac{-5.35 \times 10^{23}}{T^8}\right) + \frac{10^{20}}{\phi_{K0}} \qquad (7-42)$$

式中,ϕ_K——时间步长末,强度系数(K)相关的有效快中子通量,m^{-2}。

(2)与应变指数(n)相关的量

$$FN = \exp\left[-12.032(1 + 2.2 \times 10^{-25}\phi_{N0})(t)\exp\left(\frac{-2.33 \times 10^{18}}{T^6}\right)\right] \qquad (7-43)$$

其中,FK $\frac{时间步长末应变指数(n)相关的有效冷加工}{步长初与应变指数(n)的有效冷加工}$; $\qquad (7-44)$

ϕ_{N0}——时间步长初,应变指数(n)相关的有效快中子通量,m^{-2};

T——包壳温度,K。

$$\frac{10^{20}}{\phi_N} = 2.49 \times 10^{-3}(t)\exp\left(\frac{-5.35 \times 10^{23}}{T^8}\right) + \frac{10^{20}}{\phi_{N0}} \qquad (7-45)$$

式中,ϕ_N 为时间步长末,应变指数(n)相关的有效快中子通量,m^{-2}。

7.1.5　法国 CEA 的 METEOR 程序中的 Zr – 4 包壳的力学计算模块和数据

METEOR 程序中使用主要是由 SRMA 提供的去应力锆 – 4 的力学模型和数据,这些模型和数据使用的要求是温度低于熔点。

1. 密度

$$\rho = 6\,550 \text{ kg/m}^3 \qquad (7-46)$$

这个值在有相对体积变化时有必要修正,并且其单位可以转化成 g/mm³。

2. 热膨胀率

主要的计算公式来自 MATPRO 程序(version 1979.2.11)。

$T_K < 300$ K 时,有

(1)径向膨胀　　　　　　　　$\dfrac{\Delta d}{d_0} = 0$

(2)轴向膨胀　　　　　　　　$\dfrac{\Delta l}{l_0} = 0$

$300\ K \leqslant T_K \leqslant 1\,073$ K 时,有

(1)径向膨胀　　$\dfrac{\Delta d}{d_0} = 6.72 \times 10^{-6}T_K - 2.07 \times 10^{-3}$ $\qquad (7-47)$

(2)轴向膨胀　　$\dfrac{\Delta l}{l_0} = 4.44 \times 10^{-6}T_K - 1.24 \times 10^{-3}$ $\qquad (7-48)$

3. 比定压热容

$$c_p = 0.254\,1 \times 10^3 + 0.115T_K \qquad (7-49)$$

式中　c_p——比定压热容,$\mathrm{J \cdot kg^{-1} \cdot K^{-1}}$;

　　　T_K——温度,K,这些值的单位可以转化成 $\mathrm{Wh \cdot g^{-1} \cdot K^{-1}}$。

4. 热导率

主要的计算公式来自 MATPRO 程序(version 1979. 2. 11)。

$$\lambda = 7.511 + 2.088 \times 10^{-2} T_K - 1.45 \times 10^{-5} T_K^2 + 7.668 \times 10^{-9} T_K^3 \qquad (7-50)$$

式中　λ——热导率 $\mathrm{W \cdot m^{-1} \cdot K^{-1}}$;

　　　T_K——温度,K,这些值的单位可以转化成 $\mathrm{W \cdot mm^{-1} \cdot K^{-1}}$。

5. 氧化锆热导率

这一物性必须与包壳外侧腐蚀模型一致,氧化锆的热导率值为

$$\lambda_{\mathrm{zircone}} = 0.001\,6\ \mathrm{W \cdot mm^{-1} \cdot K^{-1}} \qquad (7-51)$$

6. 发射率

主要的计算公式来自 MATPRO 程序(version 1979. 2. 11)。

$T_K \leqslant 1\,500\ \mathrm{K}$,发射率与温度无关,而只是与氧化层的厚度 d 有关,有

$$\varepsilon = \varepsilon_1 = 0.325 + 0.1246 \times 10^6 d, d \leqslant 3.881\,0^{-6}\ \mathrm{m} \qquad (7-52)$$

$$\varepsilon = \varepsilon_1 = 0.808\,642 - 50d, d > 3.881\,0^{-6}\ \mathrm{m} \qquad (7-53)$$

$T_K > 1\,500\ \mathrm{K}$,发射率与温度有关,有

$$\varepsilon = \varepsilon_1 \exp\left(\frac{1\,500 - T_K}{300} \right) \qquad (7-54)$$

7. 辐照情况下的蠕变

(1)标准辐照/3.4/

推荐值来自 GRENOBLE 的 SILOE 反应堆的 ZS01、ZS01、ZS03 辐照条件,满足下列条件:

$$280\ ℃ \leqslant T_c \leqslant 350\ ℃$$

$$60 \leqslant \sigma_\theta \leqslant 180\ \mathrm{MPa}$$

$$0.3 \leqslant \Phi \leqslant 2 \times 10^{14} \mathrm{cm}^{-2} \cdot \mathrm{s}^{-1}$$

$$T \leqslant 3\,500\ \mathrm{h}$$

材料则是各向同性的,即

$$\varepsilon_\theta = 0.639\,4\sigma_\theta^{1.26} \exp\left(-\frac{7\,400}{T_K} \right) t^{0.1} + 44.78 \times 10^{-7} \sigma_\theta^{1.4} \Phi^{0.85} \exp\left(\frac{-4\,500}{T_K} \right) t \quad (7-55)$$

式中　ε_θ——由于蠕变产生的径向应变;

　　　σ_θ——切向应力,MPa;

　　　Φ——通量,$10^{14}\ \mathrm{cm}^{-2} \cdot \mathrm{s}^{-1}$;

　　　t——时间,h;

　　　T_K——温度,K。

在本程序中,蠕变公式用等效应变率 $\dot{\varepsilon}_{\mathrm{eq}}$ 表达,它是等效应力 σ_{ep} 的函数。那么,根据 Von Mises 理论,SRMA 公式改写成如下形式:

$$\sigma_{\mathrm{e'q}} = \frac{1}{\sqrt{2}} \sqrt{(\sigma_z - \sigma_\theta)^2 + (\sigma_r - \sigma_\theta)^2 + (\sigma_z - \sigma_r)^2}$$

假设分段是一个两端封闭的薄壁圆管,那么主要的应力是

$$\sigma_r = 0$$

$$\sigma_z = \sigma_\theta/2$$

式中, $\sigma_\theta = \dfrac{2}{\sqrt{3}}\sigma_{e'q}$

程序中用到的 Prandtl – Reuss 方程:

$$\varepsilon_\theta = \frac{\varepsilon_{e'q}}{\sigma_{e'q}}\big[\,\sigma_\theta - 0.5(\sigma_r + \sigma_z)\,\big]$$

如果给定

$$\varepsilon_\theta = \frac{\sqrt{3}}{2}\varepsilon_{e'q}$$

那么利用应变强化方法便可以求出等效应变率 $\dot{\varepsilon}_{eq} = \dfrac{\mathrm{d}\varepsilon_{eq}}{\mathrm{d}t}$。

（2）功率瞬态变化

当切向应力超过 200 MPa 时,开始使用高应力蠕变法则。用"应变强化"方法处理这一过程:

$$\varepsilon_\theta = A\big[\,1 - \exp(-Rt)\,\big] + Bt \tag{7-56}$$

式中

$$A = 5.5 \times 10^{-5}\exp\!\left(-\frac{12\,500}{T_K}\right)\sigma_\theta^{3.9} \quad (\text{无量纲})$$

$$B = 2.4 \times 10^{-13}\exp\!\left(-\frac{14\,600}{T_K}\right)\sigma_\theta^{5.9} \quad (\mathrm{s}^{-1})$$

$$R = 2.45 \times 10^{-3}\exp\!\left(-\frac{7\,050}{T_K}\right)\sigma_\theta^{1.5} \quad (\mathrm{s}^{-1})$$

式中　　t——时间, s;

　　　　T_K——温度, K;

　　　　σ_θ——切向应力, MPa。

此公式正确的使用范围:

$$0 < t \leqslant 20 \qquad (\mathrm{h})$$

$$0 < \sigma_\theta \leqslant 550 \qquad (\mathrm{MPa})$$

$$623 < T_K \leqslant 653 \qquad (\mathrm{K})$$

这种高应力锆合金蠕变法则,只是从有限实验数据中得出来的,纯粹是一个初期的公式。如果进一步考虑温度和辐照的影响,会得到更好的结果。

8. 线膨胀

推荐使用的是 Φt 公式:

$$\frac{\Delta L}{l_0} = \big[\,4.261 \times 10^{-28} - 1.079\,4 \times 10^{-30}\,T_{cm}\,\big]\Phi t \tag{7-57}$$

式中　　Φ——中子通量密度, $\mathrm{m}^{-2} \cdot \mathrm{s}^{-1}$

　　　　t——时间, s;

　　　　Φt——中子注量, m^{-2};

　　　　$T_{cm} = \min(T_c, 350)$。

9. 杨氏模量

主要的计算公式来自 MATPRO 程序(version 1979.2.11)。

$T_K \leqslant 1\ 090\ K$

$$E = 1.088 \times 10^5 - 54.75T_K \qquad (7-58)$$

$T_K > 1\ 090\ K$

$$E = 0.921 \times 10^5 - 40.5T_K \qquad (7-59)$$

式中　E——杨氏模量,MPa;

　　　T_K——温度,K。

在瞬态范围内,E 用 1 090 K 和 1 250 K 时的值线性插值得到。

10. 泊松比

对于所有的锆合金,都采用下列值:

$$\nu = 0.34 \qquad (7-60)$$

11. 包壳的氢化模型

氢化模型根据氧化锆的厚度计算产生氢气的量:

$$[H] = 7.78\varepsilon_{ZrO_2} + 26.83 \qquad (7-61)$$

式中　$[H]$——氢气的含量,$\times 10^{-6}$;

　　　ε_{ZrO_2}——氧化锆的厚度,μm。

这对于包壳的力学特性影响非常小,而且可以近似地看成是下列参数的线性函数:

(1)0.2% 屈服强度

$$Rp_{0.2}^H = Rp_{0.2} - 0.1[H] \qquad (MPa) \qquad (7-62)$$

(2)破坏应力

$$\sigma_R^H = \sigma_R - 0.07[H] \qquad (MPa) \qquad (7-63)$$

(3)标准的延伸率

$$A_R^H = A_R - 0.000\ 27[H] \qquad (\%) \qquad (7-64)$$

注意:腐蚀层厚度最大值不应超过 100 μm,并且在本程序中并没有考虑腐蚀层的脱落过程。

7.1.6　辐照对锆合金力学性能的影响

快中子辐照使锆合金发生强化和脆化,即屈服强度和抗拉强度提高而延伸率和断面收缩率下降。当快中子注量达到 $5 \times 10^{24} \sim 10^{25}\ m^{-2}$ 后,强度和延性达到饱和,同时延伸率迅速下降,从 20% 降至 2%,饱和值与热处理状态无关。在高的快中子注量下,抗拉强度和屈服强度逐步接近。

图 7-1(a)给出了屈服强度 $\sigma_{0.2}$ 和强度极限 σ_b 与中子注量的关系。图 7-1(b)给出了锆合金的延伸率 ΔL 与中子注量 Φ 的关系。图 7-1(a)和 7-1(b)中的实线为退火状态的锆合金,虚线为冷加工的锆合金。文献未注明是 Zr-2 还是 Zr-4,但经验表明同一状态的锆合金可以通用,差别不大。例如,日本的燃料元件行为分析程序 FEMAXI-IV 分析沸水堆燃料时针对的包壳材料为 Zr-2,而分析压水堆的燃料时针对的包壳材料为 Zr-4,两者使用的是同一辐照硬化模型。

对图 7-1 中的曲线进行数值拟合,得出退火和冷加工状态下锆合金的屈服极限和延伸率的数据模块,具体如下。

(1)冷加工的 Zr-2 或 Zr-4:

$$\sigma_{0.2} = -5.525\ 2(\ln\Phi)^2 + 243.702\ 8\ln\Phi - 2\ 046.358\ 2 \qquad (7-65)$$

$$\sigma_b = -5.9015(\ln\Phi)^2 + 243.3305\ln\Phi - 1874.7467 \tag{7-66}$$

$$\Delta L = 0.5103(\ln\Phi)^2 + 20.9551\ln\Phi - 220.0135 \tag{7-67}$$

（2）退火的 Zr-2 或 Zr-4：

$$\sigma_{0.2} = -8.3723(\ln\Phi)^2 + 397.8163\ln\Phi - 4088.5303 \tag{7-68}$$

$$\sigma_b = -3.3569(\ln\Phi)^2 + 158.2979\ln\Phi - 1260.2634 \tag{7-69}$$

$$\Delta L = 1.1986(\ln\Phi)^2 + 51.056\ln\Phi - 553.747 \tag{7-70}$$

式（7-65）~（7-70）中，$\sigma_{0.2}$ 和 σ_b 的量纲为 MPa；延伸率 ΔL 无量纲（%）；中子注量 Φ 的量纲为 cm^{-2}。

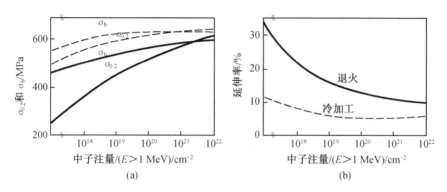

图 7-1　辐照对锆合金力学性能的影响

7.2　燃料芯块的物性参数

燃料芯块物性参数包括 UO_2 燃料、MOX 燃料、含钆燃料的物性参数。模型和数据主要来自法国 CEA 的燃料元件性能分析程序 METEOR1.5。该程序无论在法国还是中国，都用大量的燃料试验数据进行过验证计算，计算结果表明，这些模型可以很好地预测燃料寿期内的辐照行为，对辐照寿期内燃料棒的温度、内压、裂变气体的释放等参数的预测与试验数据符合得很好。这些物性模型中的温度范围不超过燃料芯块的熔点。涉及事故分析需要使用燃料熔点以上的物性参数时请参考美国 METPRO 物性库。

7.2.1　UO_2 燃料

1. 密度

$$\rho = 10\,950(1-P) \tag{7-71}$$

式中　ρ——燃料密度 kg/m^3；

P——孔隙份额，这个值可用于计算相对体积变化，当然也可以转化成 g/mm^3 进行计算。

2. 热膨胀率

$T_K < 923\ K$ 时：

$$\frac{l_{T_K}}{l_{273}} = 9.9734 \times 10^{-1} + 9.802 \times 10^{-6} T_K - 2.705 \times 10^{-10} T_K^2 + 4.391 \times 10^{-13} T_K^3$$

$$(7-72)$$

$T_K \geqslant 923$ K 时:

$$\frac{l_{T_K}}{l_{273}} = 9.9672 \times 10^{-1} + 1.179 \times 10^{-5} T_K - 2.429 \times 10^{-9} T_K^2 + 1.219 \times 10^{-12} T_K^3$$

$$(7-73)$$

式中,E_M 为温度,K。

注意:程序计算的是 $\dfrac{l_{T_K} - l_{293}}{l_{293}}$。

3. 比定压热容

固态:

$$c_p(T_K) = 12.54 + 0.017 T_K - 0.0117 \times 10^{-4} T_K^2 + 0.307 \times 10^{-8} T_K^3 \qquad (7-74)$$

液态:

$$c_p = 32.5 \qquad (7-75)$$

在部分熔化的情况下,c_p 必须通过权乘熔化份额求得。这些数值在这里的量纲都是 cal $\cdot$ mol^{-1} $\cdot$ K^{-1},当然也可以转化成 W $\cdot$ h $\cdot$ g^{-1} $\cdot$ K^{-1}。

4. 热导率

在零燃耗时,推荐以 D. MARTIN 的公式进行计算。在有燃耗时,则根据 LUCUTA 公式进行计算。

固态时:

$$\lambda = (T_K, T) = \frac{1}{0.0375 + (2.165 - 0.005\tau)10^{-4} T_K + 1.5510^{-2}\tau} + \frac{4.715 \times 10^9}{T_K^2}\exp\left(-\frac{16361}{T_K}\right)$$

$$(7-76)$$

由于孔隙率以及碎片重分布引起的公式修正:

$$\lambda(T_K, P) = (1-P)^{2.5}(1-C)\lambda(T_K, 0) \qquad (7-77)$$

式中　λ——W/(m $\cdot$ K);

　　　T_K——温度,K;

　　　P——空穴份额;

　　　C——由于碎片重分布引起的相对体积变化;

　　　τ——燃耗,原子百分比,%。

液态时:

$$\lambda = 5.5 \text{ W/(m} \cdot \text{K)} \qquad (7-78)$$

这些值的单位也可以转化成 W/(mm $\cdot$ K)。

5. 发射率

$$\varepsilon = 0.87 \qquad (7-79)$$

式中,ε 为发射率,是无量纲的参数。

6. 蠕变

$T_C < 400$ ℃:

$$\dot{\varepsilon}_{e'q} = 2.285 \times 10^{-22} \sigma_{e'q} \Phi \Gamma \qquad (7-80)$$

$T_C \geqslant 400 \ ^\circ\text{C}$:

$$\dot{\varepsilon}_{e'q} = A_1 + A_2 + A_3 \tag{7-81}$$

$$A_1 = \frac{7.314 \times 10^6 + 2.443 \times 10^{-6} \Phi}{D} \sigma_{e'q} \exp(18,3P) \exp\left(-\frac{90\,000}{RT_K}\right)$$

$$A_2 = (1.736 + 5.786 \times 10^{-13} \Phi) \sigma_{e'q}^{4.5} \exp(24.1P) \exp\left(-\frac{132\,000}{RT_K}\right)$$

$$A_3 = 5.21 \times 10^{-20} \sigma_{e'q} \Phi \exp\left(-\frac{7\,201}{RT_K}\right)$$

式中　ε_{eq}——等效蠕变率,h^{-1};

$\quad\quad \sigma_{ep}$——等效应力,bar;

$\quad\quad \Gamma$——裂变率,$\text{fiss} \cdot \text{cm}^{-3} \cdot \text{s}^{-1}$;

$\quad\quad P$——芯块空穴份额;

$\quad\quad D$——晶格直径,μm;

$\quad\quad T_K$——温度,K;

$\quad\quad R$——$1.987\text{cal} \cdot \text{mol}^{-1} \cdot \text{K}^{-1}$。

7. 杨氏模量

$273 \ \text{K} \leqslant T_K \leqslant 2\,610 \ \text{K}$:

$$E_0 = 2.2693 \times 10^{-2} - 1.5399 \times 10^{-2} T_K - 9.597 \times 10^{-6} T_K^2 \tag{7-82}$$

$T_K > 2\,610 \ \text{K}$:

$$E_0 = -1.334\,45 \times 10^3 + 1.181\,06 T_K - 2.388\,03 \times 10^{-4} T_K^2 \tag{7-83}$$

由于孔隙率产生的公式修正:

$P \geqslant 0.3$:

$$E = (1 - 2.5P) E_0 \tag{7-84}$$

$P > 0.3$:

$$E = \frac{1-P}{1+6P} E_0 \tag{7-85}$$

式中　E——杨氏模量,GPa;

$\quad\quad T_K$——温度,K;

$\quad\quad P$——芯块空穴份额,这些值的单位可以转化成 MPa。

8. 泊松比

$$v = \frac{E}{2G} - 1 \tag{7-86}$$

$273 \ K \leqslant T_K \leqslant 2\,610 \ \text{K}$:

$$G_0 = 85.83 - 5.157 \times 10^{-3} T_K - 3.747 \times 10^{-6} T_K^2 \tag{7-87}$$

$T_K > 2\,610 \ \text{K}$:

$$G_0 = -5.762\,5 \times 10^2 + 5.021\,89 \times 10^{-1} T_K - 1.009\,39 \times 10^{-4} T_K^2 \tag{7-88}$$

由于孔隙率产生的公式修正:

$P \leqslant 0.3$:

$$G = (1 - 2.25P) G_0 \tag{7-89}$$

$P > 0.3$:

$$G = \frac{1 - P}{1 + 3.85P} G_0 \qquad (7 - 90)$$

式中　G——剪切模量,GPa;

　　　T_K——温度,K;

　　　P——芯块空穴份额;

　　　E——杨氏模量,GPa。

9. UO_2 断裂强度

$273 < T < 1\ 000$ K:

$$\sigma_F = 1.7 \times 10^8 \left[1 - 2.62 (1 - F_{TD})^{1/2} \exp(-1\ 590/8.314\ 5T) \right] \qquad (7 - 91)$$

$T > 1\ 000$ K:

$$\sigma_F = \sigma_F (1\ 000\ \text{K}) \qquad (7 - 92)$$

式中　σ_F——UO_2 断裂强度,Pa;

　　　F_{TD}——理论密度份额,%;

　　　T——温度,K。

式(7-91)来源于堆外 UO_2 数据,描述脆性 UO_2 的行为;式(7-105)来源于理论计算和部分堆外数据,用于描述塑性 UO_2 的行为。由于辐照塑化的原因,材料的韧脆转变温度低于堆外的实验温度。式(7-92)的相对误差为 0.19×10^8 Pa。

7.2.2　MOX 燃料

1. 密度

对于燃料:$(U_{1-y}Pu_y)O_{2-x}$

$$\rho = \frac{4}{N_A} \left(\frac{M_{UPu} + 16(2 - x)}{a^3} \right) (1 - P) \qquad (7 - 93)$$

式中　ρ——密度,g/mm^3;

　　　N_A——阿伏伽德罗常数;

$$M_{Upu} = (1 - y) \left[235U_5 + 236U_6 + 238U_8 \right] + \\ y \left[238Pu_8 + 239Pu_9 + 240Pu_0 + 241Pu_1 + 242Pu_2 \right] \qquad (7 - 94)$$

　　　U_n——^{235}U,^{236}U 和 ^{238}U 的同位素组成 $\frac{U_n}{U_4}$;

　　　Pu_n——$^{238}Pu \rightarrow {}^{242}Pu$ 的同位素组成 $\frac{Pu_n}{Pu_{total}}$;

　　　a——晶格参数(mm) $= \left[5.17 - 0.074y + (0.301 + 0.11y)x - 0.000\ 39\tau \right] \times 10^{-7}$;

　　　τ——燃耗,原子百分数,%;

　　　P——芯块空穴份额,这些值用于计算体积的相对变化量(除了由于孔隙率),其单位也可变成 g/mm^3。

2. 热膨胀

$T_K < 923$ K:

$$\frac{l_{T_K}}{l_{273}} = 9.9734 \times 10^{-1} + 9.802 \times 10^{-6} T_K - 2.705 \times 10^{10} T_K^2 + 4.391 \times 10^{-13} T_K^3$$

$$\qquad (7 - 95)$$

$T_K \geqslant 923$ K：

$$\frac{l_{T_K}}{l_{273}} = 9.9672 \times 10^{-1} + 1.179 \times 10^{-5} T_K - 2.429 \times 10^{-9} T_K^2 + 1.219 \times 10^{-12} T_K^3$$

$$(7-96)$$

由于化学计量偏差产生的公式修正：

$$\left(\frac{l_{T_K} - l_{273}}{l_{273}} \right)_{2-x} = \left(\frac{l_{T_K} - l_{273}}{l_{273}} \right)_2 (1 + 3.9x) \qquad (7-97)$$

熔化后的体积变化量：

$$\frac{\Delta V}{V} = 9.56\% \qquad (7-98)$$

液态的热膨胀率：

$$\frac{l_{T_K} - l_{T_{liq}}}{l_{T_{liq}}} = 3.5 \times 10^{-5} (T_K - T_{liq}) \qquad (7-99)$$

式中　　T_K——温度，K；

　　　　T_{liq}——液体温度，K。

注意：在程序中计算的是$\frac{l_{T_K} - l_{293}}{l_{293}}$。

3. 比定压热容

固态：

$$c_p \left[(U_{1-y} Pu_y) O_{2+x} \right] = c_p \left[(U_{1-y} Pu_y) O_2 \right] + \frac{x}{2} c_p (O_2) \qquad (7-100)$$

$$c_p \left[(U_{1-y} Pu_y) O_2 \right] = (1-y) c_p (UO_2) + y c_p (PuO_2) \qquad (7-101)$$

式中

$$c_p (UO_2) = 5.279 + 0.050771 T_K - 0.7453 \times 10^{-4} T_K^2 + 0.63895 \times 10^{-7} T_K^3 - 0.33537 \times$$
$$10^{-10} T_K^4 + 0.9833 \times 10^{-14} T_K^5 - 0.11552 \times 10^{-17} T_K^6 \qquad (7-102)$$

$$c_p (PuO_2) = -\sigma_{eq} + 15.579 + 0.021079 T_K - 0.22919 \times 10^{-4} T_K^2 +$$
$$0.9790 \times 10^{-8} T_K^3 - 0.1276 \times 10^{-11} T_K^4 \qquad (7-103)$$

$$c_p (O_2) = 6.6054 + 0.20384 \times 10^{-2} T_K - 0.48875 \times 10^{-6} T_K^2 +$$
$$0.45955 \times 10^{-10} T_K^3 \qquad (7-104)$$

液态：

$$c_p = 32.457 \qquad (7-105)$$

式中　　T_K——温度，K；

　　　　c_p——比定压热容，cal · mol^{-1} · K^{-1}

在部分熔化的情况下，c_p 必须权乘熔化的份额。c_p 的单位也可转化成 Wh · g^{-1} · K^{-1}。

4. 热导率

$$\lambda_0 = \frac{1}{A + (B - 0.005\tau) 10^{-4} T_K} + C T_K^3 \qquad (7-106)$$

$$A = 1.32 \sqrt{x_s + 0.00931} - 0.0911 + 0.0155\tau \qquad (7-107)$$

由于孔隙率的存在，以及芯块碎片重分布裂纹引起的公式修正：

$$\lambda = \left(\frac{1-P}{1+2P}\right)(1-C_V)\lambda_0 \qquad (7-108)$$

式中　λ——导热率，W/(m·K)；

　　　B——常数，2.493(m/W)；

　　　C——常数，88.4×10^{-12} W/(m·K^4)；

　　　x_s——UO$_2$ 偏化学计量(燃耗的函数)，最大值为 2；

　　　τ——碎片的燃耗；

　　　T_K——温度，K；

　　　P——芯块空穴份额；

　　　C_V——比定容热容，J/(kg·K)；

　　　上述热导率的单位可以转化成 W/(mm·K)。

5. 发射率

与二氧化铀所用公式一样。

6. 蠕变

$$\dot{\varepsilon}_{e'q} = \exp(25P)\left[A\sigma_{e'q}\exp\left(-\frac{48\,000}{T_K}+B\sigma_{e'q}^{4.5}\exp\left(-\frac{75\,000}{T_K}\right)+C\sigma_{e'q}\right)\right] \qquad (7-109)$$

$$A = \frac{3.84 \times 10^{-7}}{D^2}$$

$$B = 3.13 \times 10^{-4}$$

$$C = 2.69 \times 10^{-30}\dot{F}$$

式中　$\dot{\varepsilon}$——等效蠕变速率，s^{-1}；

　　　D——晶格直径，m；

　　　T_K——温度，K；

　　　σ_{eq}——等效应力，最大值为 100 MPa；

　　　P——芯块空穴份额；

　　　$\dot{F}$——裂变率，s^{-1}，这个值的单位可以转化成 h^{-1}。

杨氏模量、泊松比与二氧化铀所用公式相同，断裂强度建议与 UO$_2$ 芯块使用同样的公式。

7.2.3　含钆燃料

1. 密度

$$\rho = 4 \times \frac{238(1-y)+157y+16\varepsilon}{N_A a^3} \qquad (7-110)$$

$$y = \frac{1.49}{\dfrac{1}{X}+0.49} \qquad (7-111)$$

$$a = (5.470\,4 - 0.237X + 0.25\,|2-\varepsilon|) \times 10^{-10} \qquad (7-112)$$

式中　ρ——密度，g/mm^3；

　　　ε——氧－金属原子数之比；

　　　X——钆的质量份额；

a——晶格参数,m;

N_A——阿伏伽德罗常数。

2. 比定压热容

与二氧化铀所用公式相同。

3. 热导率

$$\frac{1}{0.053+0.016\tau+0.81X+(2.2-0.005\tau)10^{-4}T_K}+\frac{4.715\times10^9}{T_K^2}\exp\left(-\frac{16\,361}{T_K}\right)$$

$$(7-113)$$

式中　λ——热导率,W/(m·K);

τ——燃耗,%;

T_K——温度,K;

X——钆的质量份额。

发射率与二氧化铀所用公式相同;蠕变、杨氏模量、泊松比与 MOX 燃料所用公式相同;断裂强度建议使用 UO_2 芯块的公式。

7.3　裂变气体的释放

7.3.1　裂变气体释放模型

本裂变气体释放(FGR)模型中,裂变气体释放过程分为两步:

(1)气体从燃料晶粒释放到晶粒边界;

(2)从晶粒边界释放到棒内自由空间。且有

$$R=F(S+\Delta n)\tag{7-114}$$

式中　R——本步长内释放到自由空间的裂变气体,mol;

F——从晶粒边界释放到自由空间的裂变气体份额;

S——在前一个步长内储存在晶粒边界的裂变气体,mol;

Δn——本步长内从晶粒释放到晶粒边界的裂变气体,mol;

$T\leqslant2\,100$ K

$$F=1-\mathrm{erf}(\rho)+\exp(-1.25\times10^{14}/B^3)\tag{7-115}$$

$T>2100$ K

$$F=1-\mathrm{erf}(\rho)/(T-2099)+\exp(-1.25\times10^{14}/B^3)\tag{7-116}$$

式中　B——燃耗,MW·d/t;

T——燃料温度,K;

$$\mathrm{erf}(\rho)——误差函数\left(\frac{2}{\pi}\int_0^\rho\mathrm{e}^{-t^2}\mathrm{d}t\right)\tag{7-117}$$

$$\rho=[1.0+10^5(X^{-1}-1.0)g^{-3}]^{-1}\tag{7-118}$$

式中　X——燃料孔隙率份额;

g——评价晶粒直径,μm。

$$\Delta n = \beta \left[t - \frac{[1 - \exp(k'k''t)](1 - k')}{k'k''} \right] + C[1 - \exp(k'k''t)] \tag{7 - 119}$$

式中 β ——裂变气体产生率,mol/s;

  T ——时间步长,s;

  C ——步长初始时刻被捕陷的气体,mol。

$$k' = 9 \times 10^7 \exp(-45\,289.9/T) + 0.000\,5 \tag{7 - 120}$$

$$k'' = 0.000\,5 \left\{ 1 - \left[\exp\left(\frac{T - 1\,900}{40}\right) + 1 \right]^{-1} + \exp(1.24 \times 10^{14}/B^3) \right\} \tag{7 - 121}$$

本模型中计算时设置的时间步长要求小于 7.9×10^6 s,对于燃料棒的计算结果误差在 $\pm 60\%$ 之内。

表 7 - 2 给出了裂变气体释放模型的参数估算和验证的来源。

表 7 - 2 裂变气体释放模型中参数估计时用到的数据

文献	来源	燃料棒编号	燃耗/MW·d·t⁻¹	平均密度/kg·m⁻³	峰值功率/kW·m⁻¹	晶粒尺寸/μm	燃料中心温度/K		裂变气体释放份额/%
							程序计算值	实验值	
Smalley	SAXTON Ⅱ	B	15 896	10.3×10^3	152.0	5.0	28 47	2 473	36.0
Bellamy, Rich	AERE	5039	36 600	10.78×10^3	—	25.0	—	1422	3.2
Bellamy, Rich	AERE	5042	27 800	10.41×10^3	—	25.0	—	1757	1.2
Notley, MacEwan	AECL2230	CBX	2 710	10.4×10^3	26.6	5.0	2 380	2 293	18.8
Notley et al	AECL 1676	DFA	344	10.7×10^3	187.3	5.0	2 560	2 001	4.6
Baroch, Rigdon	B & W	7	56 581	10.3×10^3	172.3	5.0	2 450	2 216	71.9
Baroch, Rigdon	B & W	33	35 500	10.3×10^3	204.4	5.0	2871	2 060	27.4

7.3.2 Cs 和 I 的同位素释放模型

^{235}U 和 ^{239}Pu 裂变产生 Cs 和 I,释放到燃料棒的自由空间会对包壳的锆合金造成腐蚀,影响包壳的完整性,Cs 和 I 的同位素的裂变产额分别见表 7 - 3 和表 7 - 4。作最为保守的考虑,CESIOD 模块中假设了所有裂变产生的 Cs 和 I 都会腐蚀包壳,不考虑和其他裂变产物发生化学反应。

由于不同同位素的衰变周期不同,Cs 和 I 的释放模型应分别对待。长寿命同位素在燃料中的量正比于累计燃耗,通过扩散释放到自由空间。对于短寿命同位素,释放到自由空间中的量与燃料和自由空间中同位素的衰变量建立平衡关系,平衡浓度与燃耗的变化率有关。

对于稳定和长寿命 I 和 Cs 的同位素（^{127}I、^{129}I、^{133}Cs、^{135}Cs、^{137}Cs）（表 7 - 2），下列公式可以预测释放到间隙中同位素的量：

$$R_i = C_i B \left(\frac{4}{a} \sqrt{\frac{Dt}{\pi}} - \frac{3Dt}{2a^2} \right) \tag{7 - 122}$$

式中　R_i——指定同位素产额；

　　　C_i——同位素产额，kg/（MW·s），由子程序提供的常量；

　　　B——燃耗，MW·s/kg；

　　　D——同位素在燃料中的扩散系数，m²/s，该常数由子程序输入最大温度计算得到；

　　　a——气体释放的扩散系数，m，由子程序输入燃料密度计算得到：

$$a = 3 (T_D) 10^{[20.61 - T_D(67.9 - 46 T_D]}$$

　　　T_D——燃料密度，%；

　　　T——辐照时间，s。

对轻水堆中产生的短寿命同位素 I 和 Cs（如 ^{131}I、^{132}I、^{133}I、^{134}I、^{135}I、^{138}Cs（表 7 - 3），下列公式预测稳态时同位素的量：

$$R_i = \frac{\Delta B}{\Delta t} \left(\frac{1}{1.732 \times 10^{10}} \right) Y_i M_i \frac{\frac{3}{a} \sqrt{D\lambda_i}}{\left(\frac{3}{a} \sqrt{D\lambda_i} + \lambda_i \right) \lambda_i} \tag{7 - 123}$$

式中　ΔB——步长内燃耗；

　　　Δt——燃耗步长时间，s；

　　　Y_i——同位素裂变产额；

　　　M_i——同位素摩尔质量，kg/mol；

　　　λ_i——同位素衰变常数，s^{-1}。

公式（7 - 122）和（7 - 123）中的扩散系数为

$$D = 6.6 \times 10^{-6} \exp \left(\frac{-36\,086}{T} \right), \quad T > 1\,134.054 \text{ K}$$
$$D = 10^{-13}, \qquad\qquad\quad T \leqslant 1\,134.054 \text{ K} \tag{7 - 124}$$

表 7 - 3　Cs 和 I 稳定和长寿命同位素的裂变产额

同位素	半衰期	产额（10^{-2}）	产额/（kg·MW^{-1}·s^{-1}）
^{127}I	稳定	0.13	9.50×10^{-12}
^{129}I	1.7×10^7 a	0.8	5.94×10^{-11}
^{133}Cs	稳定	6.59	5.04×10^{-10}
^{135}Cs	2.610 6 a	6.41	4.98×10^{-10}
^{137}Cs	30 a	6.15	4.85×10^{-10}

表 7 - 4   Cs 和 I 短寿命同位素的裂变产额

同位素	半衰期	衰变常数/s^{-1}	产额
^{131}I	8.05 d	9.97×10^{-7}	3.1×10^{-2}
^{132}I	2.30 h	9.17×10^{-6}	4.3×10^{-2}
^{133}I	20.8 h	8.37×10^{-5}	6.9×10^{-2}
^{134}I	52.5 min	2.22×10^{-4}	7.9×10^{-2}
^{135}I	6.7 h	2.87×10^{-5}	6.1×10^{-2}
^{138}Cs	32.3 min	3.59×10^{-4}	6.6×10^{-2}

参 考 文 献

[1] 郝老迷. 核反应堆热工水力学[M]. 北京:原子能出版社,2010.

[2] 黄素逸. 反应堆热工水力分析[M]. 北京:机械工业出版社,2014.

[3] 陈宝山,刘承新. 轻水堆燃料元件[M]. 北京:化学工业出版社,2007.

[4] 阮於珍. 核电厂材料[M]. 北京:原子能出版社,2010.

[5] BERNA G A, BOHN M P, RAUSH W N, et al. , FRAPCON-2:A computer Code for the Calculation of Steady State Thermal-Mechanical Behavior of Oxide Fuel Rods[R],NUREG/CR－1845,1981,1.

[6] SIEFKEN L J, ALLISON C M, BOHN M P, et al. , FRAP－T6:A Computer Code for the Transient Analysis of Oxide Fuel Rods[R],NUREG/CR－2148,EGG－2104,1981,5.

[7] LANNING D D. An Assessment of Recent High Burnup Modifications to NRC Fuel Performance Code-FRANCON－3[C],Proceeding of 1997 International Topic Meeting on Light Water Reactor Fuel Performance,March 2－6,1997.

[8] HAGRMAN D L,REYMANN G A. MATPRO-Version 11:A Handbook of Materials Properties for Use in the Analysis of Light Water Reactor Fuel Rod Behavior[R]NUREG/CR－0497, TREE－1280,1979. 2.

[9] LASSMANN K,BLANK H. Modeling of Fuel Rod Behavior and Recent Advances of the TRANSURANUS Code[J],Nuclear Engineering & Design,1988,106:298－313.

[10] STRUZIK C. METEOR Version1. 5. 0 Descriptive Manual[R]. Technical Report SDC/LEMC96－2040,CEA－Cadarache,June 1998.

[11] FRAGEMA. COCCINEL Computer Code User's Manual[K],263A TFICM/DC/0054, France,1992.

[12] NAKAJIMA T. Fuel Behavior Modeling Code FEMAXI-IV and Its Application,Proceeding of a Technical Meeting on Water Reactor Fuel Element Computer Modeling in Steady State [C]. Transient and Accident Conditions,Vienna,1989.

[13] HOPPE N. COMETHE III J:A Computer Code for Predicting Mechanical and Thermal Behavior of A Fuel Pin[C]. Belgonucleaire S. A. 1980.

[14] DITTUS F. W,BOELTER L M K,Heat Transfer in Automobile Radiators of the Tubular Type[M],University of California Publications,1930.

[15] JENS W. H,LOTTES P A. ,Analysis of Heat Transfer,Burnout,Pressure Drop,and Density Data,for High Pressure Water[R]. ANL－4627,1951.

[16] BOOTH A. H, A method of Calculating Fission Gas Diffusion from UO_2 Fuel and Its

application to the X – 2 LOOP Test[R]. AECL – 496, Chalk River Nuclear Laboratory, Chalk River, Ontario, Canada, 1957, 9.

[17] W. N. Rausch, ANS5.4: A computer Subroutine for Calculating Fission Gas Release[R], NUREG/CR – 1213, PNL – 3077, Pacific Northwest Laboratory, Richland, Washington, August 1979.